4桁の原子量表 (2018)

(元素の原子量は，質量数 12 の炭素 (^{12}C) を 12 とし，これに対する相対値とする。)

本表は，実用上の便宜を考えて，国際純正・応用化学連合 (IUPAC) で承認された最新の原子量に基づき，日本化学会原子量専門委員会が独自に作成したものである。本来，同位体存在度の不確定さは，自然に，あるいは人為的に起こりうる変動や実験誤差のために，元素ごとに異なる。従って，個々の原子量の値は，正確度が保証された有効数字の桁数が大きく異なる。本表の原子量を引用する際には，このことに注意を喚起することが望ましい。

なお，本表の原子量の信頼性は亜鉛の場合を除き有効数字の 4 桁目で±1 以内である。また，安定同位体がなく，天然で特定の同位体組成を示さない元素については，その元素の放射性同位体の質量数の一例を ( ) 内に示した。従って，その値を原子量として扱うことは出来ない。

原子番号	元素名	元素記号	原子量	原子番号	元素名	元素記号	原子量
1	水素	H	1.008	60	ネオジム	Nd	144.2
2	ヘリウム	He	4.003	61	プロメチウム	Pm	(145)
3	リチウム	Li	6.941 †	62	サマリウム	Sm	150.4
4	ベリリウム	Be	9.012	63	ユウロピウム	Eu	152.0
5	ホウ素	B	10.81	64	ガドリニウム	Gd	157.3
6	炭素	C	12.01	65	テルビウム	Tb	158.9
7	窒素	N	14.01	66	ジスプロシウム	Dy	162.5
8	酸素	O	16.00	67	ホルミウム	Ho	164.9
9	フッ素	F	19.00	68	エルビウム	Er	167.3
10	ネオン	Ne	20.18	69	ツリウム	Tm	168.9
11	ナトリウム	Na	22.99	70	イッテルビウム	Yb	173.0
12	マグネシウム	Mg	24.31	71	ルテチウム	Lu	175.0
13	アルミニウム	Al	26.98	72	ハフニウム	Hf	178.5
14	ケイ素	Si	28.09	73	タンタル	Ta	180.9
15	リン	P	30.97	74	タングステン	W	183.8
16	硫黄	S	32.07	75	レニウム	Re	186.2
17	塩素	Cl	35.45	76	オスミウム	Os	190.2
18	アルゴン	Ar	39.95	77	イリジウム	Ir	192.2
19	カリウム	K	39.10	78	白金	Pt	195.1
20	カルシウム	Ca	40.08	79	金	Au	197.0
21	スカンジウム	Sc	44.96	80	水銀	Hg	200.6
22	チタン	Ti	47.87	81	タリウム	Tl	204.4
23	バナジウム	V	50.94	82	鉛	Pb	207.2
24	クロム	Cr	52.00	83	ビスマス	Bi	209.0
25	マンガン	Mn	54.94	84	ポロニウム	Po	(210)
26	鉄	Fe	55.85	85	アスタチン	At	(210)
27	コバルト	Co	58.93	86	ラドン	Rn	(222)
28	ニッケル	Ni	58.69	87	フランシウム	Fr	(223)
29	銅	Cu	63.55	88	ラジウム	Ra	(226)
30	亜鉛	Zn	65.38*	89	アクチニウム	Ac	(227)
31	ガリウム	Ga	69.72	90	トリウム	Th	232.0
32	ゲルマニウム	Ge	72.63	91	プロトアクチニウム	Pa	231.0
33	ヒ素	As	74.92	92	ウラン	U	238.0
34	セレン	Se	78.97	93	ネプツニウム	Np	(237)
35	臭素	Br	79.90	94	プルトニウム	Pu	(239)
36	クリプトン	Kr	83.80	95	アメリシウム	Am	(243)
37	ルビジウム	Rb	85.47	96	キュリウム	Cm	(247)
38	ストロンチウム	Sr	87.62	97	バークリウム	Bk	(247)
39	イットリウム	Y	88.91	98	カリホルニウム	Cf	(252)
40	ジルコニウム	Zr	91.22	99	アインスタイニウム	Es	(252)
41	ニオブ	Nb	92.91	100	フェルミウム	Fm	(257)
42	モリブデン	Mo	95.95	101	メンデレビウム	Md	(258)
43	テクネチウム	Tc	(99)	102	ノーベリウム	No	(259)
44	ルテニウム	Ru	101.1	103	ローレンシウム	Lr	(262)
45	ロジウム	Rh	102.9	104	ラザホージウム	Rf	(267)
46	パラジウム	Pd	106.4	105	ドブニウム	Db	(268)
47	銀	Ag	107.9	106	シーボーギウム	Sg	(271)
48	カドミウム	Cd	112.4	107	ボーリウム	Bh	(272)
49	インジウム	In	114.8	108	ハッシウム	Hs	(277)
50	スズ	Sn	118.7	109	マイトネリウム	Mt	(276)
51	アンチモン	Sb	121.8	110	ダームスタチウム	Ds	(281)
52	テルル	Te	127.6	111	レントゲニウム	Rg	(280)
53	ヨウ素	I	126.9	112	コペルニシウム	Cn	(285)
54	キセノン	Xe	131.3	113	ニホニウム	Nh	(278)
55	セシウム	Cs	132.9	114	フレロビウム	Fl	(289)
56	バリウム	Ba	137.3				(289)
57	ランタン	La	138.9				(293)
58	セリウム	Ce	140.1				(293)
59	プラセオジム	Pr	140.9				(294)

† : 市販品中のリチウム化合物のリチウムの原子量は 6.938 から 6.997 の幅をもつ。
* : 亜鉛に関しては原子量の信頼性は有効数字 4 桁目で±2 である。

JN223723

入門医療化学

昭和大学富士吉田教育部准教授　山　本　雅　人
昭和大学富士吉田教育部教授　　稲　垣　昌　博　共著

KYOTO
HIROKAWA

京都廣川書店
KYOTO HIROKAWA

ま え が き

　本書の構想を始めた原点は，医学，歯学，薬学，看護などの医療を目指す学生の化学領域の力を向上させたいと思っていたことでした．入学してくる学生の化学領域の基礎学力にバラツキが拡大してきたこと，そしてゆとり教育を含めた教育改革によって理系の基礎学力が低下してきていると感じていたことも，その要因の一つです．また，入学試験での理科系科目の選択制の拡大や，中等教育・高等教育改革，大学での専門領域の拡大による教養科目の減少や科目統廃合なども，こうした現状に拍車をかけてきています．その結果，私達が担当していた化学系の科目は盛りだくさんの内容を短時間で講義することとなり，消化不良をおこす学生にとって化学は進級のための暗記科目となっていたのかもしれません．これらの反省から筆者らは議論を重ねて，本書の内容を「医療に必要で役立つ化学領域」に絞りました．また，生体内での薬物代謝や恒常性の異常が疾患につながるなど，ストーリー性を加味した内容とすることで初心者でも理解と記憶に残るように工夫し，化学の基礎力が養成できるようにしました．筆者らのバックグランドに，山本は物理化学，稲垣は薬理学から出発して両者が有機化学を中心に講義を行っていたことも影響していると思います．まだまだ「入門　医療化学」として改良点はあると思いますが，先生方々からの忌憚のないご意見をいただき，化学が苦手な学生でも理解できる入門書にできたらと考えております．

　本書の出版にあたり多大の御努力をいただいた，京都廣川書店　廣川重男社長，鈴木利江子氏，および清野洋司編集・制作部長，茂木悠佑氏に心より御礼申し上げます．

2019 年　春

山本　雅人・稲垣　昌博

目　次

序　章

医療現場で働くために
化学系科目を学ぶ

　健康に生きていると色々なことができます．病気になるとそうではなくなります．その差は多様で簡単には言い表すことができません．将来，医療現場で活躍する皆さんにとって，大切な課題になると思います．

　これから歩む学びの道では，難しいことが多くあるでしょう．最初から細かい知識すべてを完璧に暗記する必要はありませんが，「大事なことは何だろう？」という問題意識があれば自ずと学べてしまうこともあると思います．単位を取得するために，試験前夜に暗記による学習だけでなく，記憶に残る学習をしてほしいと思います．そのために必要なことは，理解することで，理解することは，自分でイメージして，そのイメージを自分の言葉で説明することができるということであり記憶に残ることと思います．この本をきっかけに自らそのことに気がついて，多くを自然に学べる人になってほしいと思います．

　私達は生きていて，感じたり，考えたり，体を動かすことができます．こうした複雑そうにみえる生命現象はどう整理されるのでしょうか？1つの方法は「化学的視点で眺める」ことです．色々な小さい物質が体内に存在し，それらが反応する，そう考えて生命活動にともなう変化の一部について説明を試みます．

　役割の異なる ① **多種多様な分子やイオン**があり，これらは ② **限られた種類の原子からなり**，③ **決まった形をとります**．これらは，体内で ④ **適切な量**が存在し，⑤ **バランスを維持しています**．そして，周囲の状況（近くにある分子の種類や量など）に応じて ⑥ **化学反応を起こします**．

① 私達の身体に影響を与える分子の例としてカフェイン（図 0-1 参照）を考えます．
② 周期表にある元素で説明を試みます．
③ 軌道の概念を導入して，電子の存在可能な場所を説明します．その結果，原子と原子が結合してできる形がわかります．
④ 原子・分子がイメージできる微視的な世界での量を考えます．粒子数，質量，体積，密度を使

用して，モル濃度や質量パーセント濃度を計算します．

⑤ 可逆反応と化学平衡の考え方で分子やイオンの量のバランスを説明します．これと関連させて，これまでのエネルギーの考え方をより発展させます．

⑥ 電気のプラスとマイナスは引き合う，という考え方からスタートしましょう．変化が起こる際，エネルギーとエントロピーの両概念を意識できると，自発変化の方向を予測できます．変化の速さは反応エネルギー図に示される活性化エネルギーと対応します．

　本書では ① から ⑥ の流れで，以下の学問体系の入門的な内容とカッコ内の章が対応します．

1. 化学の基礎（高校の教科書にある内容の復習→1章〜6章），
2. 量子化学（7章〜9章），
3. 熱力学（11章〜15章），
4. 有機化学（7章〜11章），
5. 生化学（16章〜18章），
6. 薬理学（5章〜6章，16章〜18章）

　より深く理解したい場合，上記1〜6の「〜学」をキーワードにして検索すれば，参考書を見つけられます．

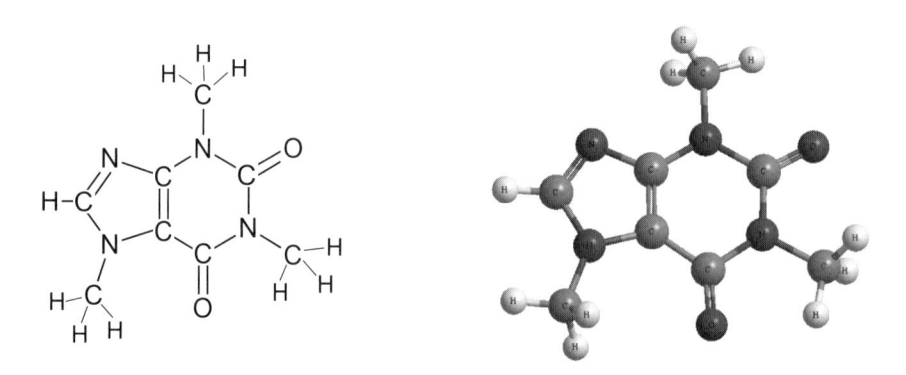

図0-1　カフェイン（$C_8H_{10}N_4O_2$）構造式（左）と安定な形（右）

第1章

原子の構造・電荷と質量・イオン

目的：陽子と中性子からなる核・その周囲に存在する電子，これらから構成される原子の構造を理解する．

要点：陽子は＋（プラス）の電荷をもち，電子は－（マイナス）の電荷をもつ．中性子は電気を帯びていない．陽子や中性子に比べて，電子の質量はとても小さい．

　塩や砂糖やカフェインは物質として手に取ることができる．どれも白い粉で，同じように見えるかもしれないが，体内での働きが異なる．これらの物質を細かく見ていくと**原子**という粒子にいきつく．物質を構成する原子の種類・数・組み合わせの違いがわかれば，同じような白い粉でも，それぞれ異なる性質をもつことが理解できる．

1-1　原子の構造

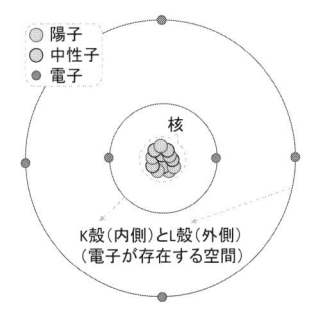

図1-1　原子の構造（例：炭素原子の場合）

図 1-1 の原子はさらに小さい粒子 3 種類, **陽子**と**中性子**と**電子**からできている. 中心付近に陽子と中性子があり, ここを**核**という. その周辺に電子が存在する. 図 1-1 の原子は中心の核に陽子が 6 個あり, 原子番号が 6 で, **炭素**という. 元素記号「C」で示される. このアルファベットは**元素記号**で, 核にある陽子数で分類した結果の表現である. ほかの種類の原子については 2 章に整理されている.

1-2 電荷と質量

ほとんどの原子は陽子と電子と中性子の 3 種類の粒子からなる. 陽子は +1 の**電荷**(電気の符号と量) をもち, 電子は −1 の電荷をもつ. 中性子は電荷をもたない.

陽子と中性子はほぼ同じ**質量**で, 電子の質量はその 1/1000 以下である. よって 1 個の原子の質量を考える際は, 中心の核にある陽子と中性子の個数の和, **質量数**を考えればよい.

1-3 原子とイオン

図 1-1 には, 電子が存在する空間として, 核の外側に 2 つの円 (球の断面) が示されている. 内側が **K 殻**, 外側が **L 殻**を示す. K 殻には電子が 2 個まで入り, L 殻には電子は最大 8 個まで存在できる. さらに電子が増えると, L 殻の外側にある M 殻に電子が収まる. 電子が存在する最も外側の殻を**最外殻**という. その内側の殻を**内殻**という.

陽子数と電子数が違う場合, トータルの電荷はゼロではなくなり, この状態を**イオン**という. 一般に, 〜原子というときの原子 1 個全体の電荷は ±0 で, 電子数と陽子数は同じである. 陽子数と比べて, 電子数が 1 個多ければ −1 で, 電子数が 1 個少なければ +1 である. プラスイオンのことを**陽イオン**(**カチオン**), マイナスイオンのことを**陰イオン**(**アニオン**) という.

1-4 水 素

陽子の数が 1 個の場合, **水素**といい, **元素記号 H** で示される. この元素記号は原子の場合だけでなく, イオンや核の種類を示すときにも使われる. 水素がイオンになった例として, 電荷 +1 の, H^+(水素イオン, プロトンなどと呼ばれる) がよく知られているが, 電荷 −1 の H^-(水素化物イオン, ヒドリドイオンなどと呼ばれる) もある. このイオンの表示を**イオン式**といい, 電荷が元素記号の右上に示され, 数字の 1 は省略される.

【例題 1-1】　水素のイオン 2 種類，H^+ と H^- それぞれについて，含まれる粒子の種類と数，それらが存在する場所について，わかりやすく示せ.

〈解答〉　電子を⊖，中心の核を□で示した。水素原子から電子が増減する様子を矢印で示している。

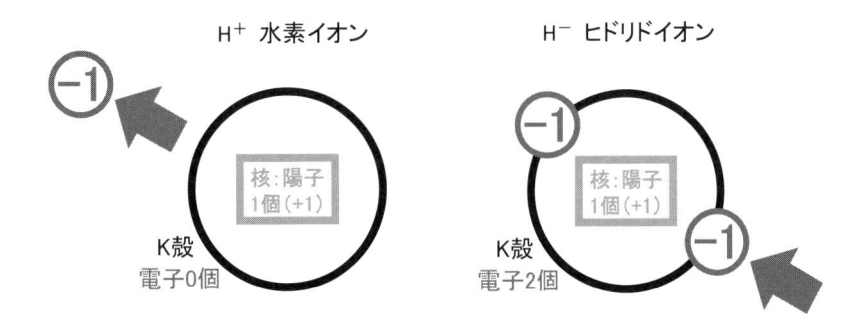

【例題 1-2】　核に陽子を 20 個もち，その周囲に電子を 18 個もつイオンがある. このイオンの電荷はどうなるか？

〈解説〉　陽子 1 個は +1 の電荷をもつので，陽子が 20 個になると合計で +20 になる（陽子を 20 個含む場合，**カルシウム**といい，Ca（アルファベットの大文字の C と小文字の a）で示される. 一方，電子 1 個は −1 の電荷をもつので，電子が 18 個あると −18 である. これらをあわせもつイオン 1 個全体の電荷は $(+20) + (-18) = +2$ となる. この粒子は**カルシウムイオン**といい，Ca^{2+} で示される.

1-5　同位体

　陽子の数が同じで，中性子の数が異なる場合がある. それらはお互いに**同位体**という. ほとんどの水素では中性子は 0 個である. わずかに中性子が 1 個の水素があり，重水素といわれる. 中性子の数が 2 個の水素を三重水素，あるいはトリチウムという.

【例題 1-3】　トリチウムの質量数は？

〈解説〉　陽子が1個で，中性子の数は2個である．1+2=3で，質量数は3となる．${}_1^3\mathrm{H}$ で示される．左下に陽子数（原子番号）が，左上に質量数が記される．

1-6　カフェインを構成する原子

【例題1-4】　カフェインは水素，炭素，窒素，酸素を含む．それぞれの種類の原子1個の中に陽子と電子はいくつあるか？（窒素や酸素については，必要なら，次の第2章を自分で調べよ）

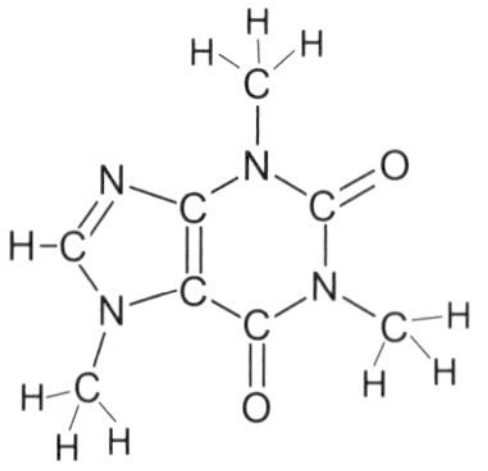

カフェイン分子の構造式

〈解説〉

元素名	元素記号	原子1個に含まれる	
		陽子の数	電子の数
水素	H	1	1
炭素	C	6	6
窒素	N	7	7
酸素	O	8	8

【問題1-1】　カフェインの性質を示す最小の単位（**分子**1個）は，水素原子10個，炭素原子8個，窒素原子4個，酸素原子2個の合計24個の原子からなり，トータルの電荷は±0である．カフェイン分子1個の中に含まれる陽子と電子の数はそれぞれ何個か．

原子の名前？　イオンの名前？　それとも核の種類を示す表現？

Column

　この章では，物質を構成する粒子である原子と，その原子を構成するさらに小さい粒子 3 種類，陽子・中性子・電子について学んだ．あわせて，元素記号の和名，炭素と水素という言葉も出てきた．これらは元素記号 C と H に対応し，ほかの元素とあわせて，次の第 2 章で示す周期表にまとめられている．

　核の種類（**核種**）を表現する際にも，元素記号やその和名が用いられる．放射線や核の壊変について議論するときは，電子の数や存在を棚上げして，核を構成する陽子と中性子の数だけを意識する．この場合，同位体間での性質の違いが重要になるので，中性子数がわかるように，^{235}U のように元素記号とあわせて質量数も表示する．元素記号 U の和名はウランで，陽子が 92 個あることと対応する（本文中のように原子番号（陽子数）も左下に記して $^{235}_{92}U$ のように記すことも多い）．質量数は陽子数＋中性子数なので，この場合，中性子数は 235 − 92 で 143 個になる．

　医療現場では放射線についての知識が必要である．α 線をヘリウム He という場合，その He は陽子 2 個と中性子 2 個からなる核を想定している．

第2章

周期表，アボガドロ数，物質量

> **目的**：周期表にある情報を読みとる．元素ごとに陽子数が異なる原子について，量を表現する方法（原子量の用い方）も学ぶ．
>
> **要点**：元素記号，元素名（日本語），原子番号，原子量について知る．あわせて，アボガドロ数と mol（モル）という単位で示される物質量についても触れる．

2-1 陽子の数（原子番号）による分類

　原子は，陽子の数で整理した**元素**で分類される．元素には，陽子数と同じ数の**原子番号**が割り当てられている．**周期表**では各元素が原子番号の順に並べられている．図 2-1 に周期表の例を示す．元素ごとの枠内には，元素記号・元素名とあわせて，原子量（詳細は以下）も示されている．

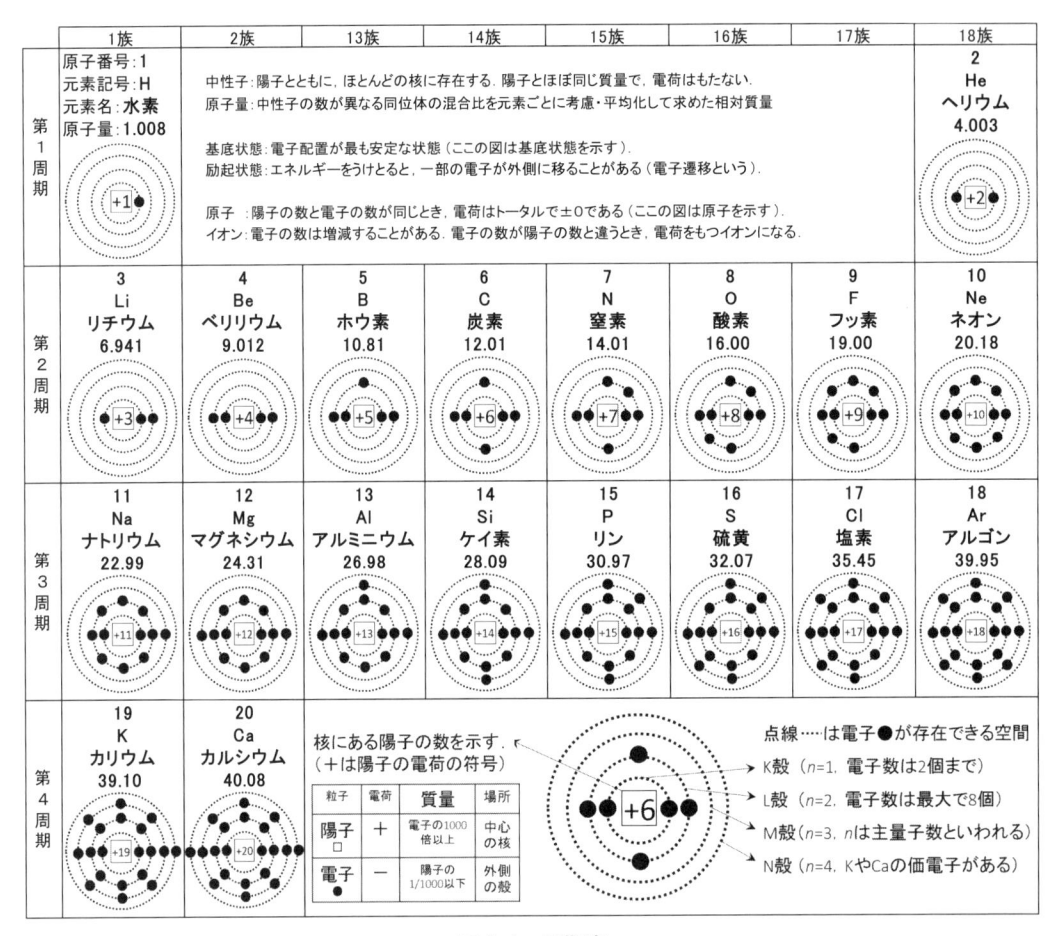

図 2-1　周期表

2-2　周期表の見方

　周期表を原子番号の順に見ていくと，周期的に似た性質をもつ元素（原子）が現れる．図 2-1 の枠内にある電子の配置図において，外側の輪（最外殻）にある電子数が，元素（原子）の性質に大きく影響するためである．縦に並ぶものは最外殻にある電子の数が同じで，同じ**族**に分類される．横に並ぶものは同じ**周期**に分類され，最外殻にある電子が同じ軌道半径上に示されている．たとえば，炭素 C は第 2 周期の 14 族の元素である．

　同じ元素名や元素記号，原子番号が使われる場合，陽子数は同じである．元素記号と原子番号，これらは常に陽子数と対応する．一方，化学反応などで，電子が増減することがある．このとき，電子の数は陽子の数と一致せず，電荷を帯びたイオンになる．

2-3　原子量・アボガドロ数・物質量

　同じ陽子数（原子番号，元素名，元素記号）の原子をたくさん集めると，中性子の数が異なる同位体も含まれる．同位体の混合比を考慮して平均をとると，元素ごとの相対質量が得られる．これを**原子量**といい，周期表に元素ごとに表示されている．

　ある特定の 1 種類の元素の原子からなる物質を考える．その元素の原子量に g（グラム）をつけた質量の中には，同じ種類の元素の原子が 6.02×10^{23} 個含まれる．この数を**アボガドロ数**という．粒子数がアボガドロ数個の量を 1 mol（モル）といい，アボガドロ数個を単位とした物質の量を**物質量**という．

　前章の問題 1-1 にあるように，カフェイン分子 1 個は，炭素（C）原子 8 個，水素（H）原子 10 個，窒素（N）原子 4 個，酸素（O）原子 2 個の合計 24 個の原子から構成される．このような構成原子の分子は $C_8H_{10}N_4O_2$ のように表現し，これをカフェインの**分子式**という．

【例題 2-1】　窒素原子が 1.204×10^{24} 個あった．この物質量は何 mol か？　また，図 2-1 の周期表を参考にして，この物質の質量〔g〕を求めよ．単位をつけて答えること．

〈解説〉　$(1.204 \times 10^{24}) / (6.02 \times 10^{23}) = 2.00$　よって 2.00 mol となる．

　　　　$14.01 \times (1.204 \times 10^{24} / 6.02 \times 10^{23}) \fallingdotseq 28.0$　より質量は 28.0 g（グラム）になる．有効数字が 3 桁のアボガドロ数を用いたので，答えも有効数字 3 桁にしてある．

【問題 2-1】　カフェイン分子がアボガドロ数個（1.00 mol）集まると質量は何 g になるか？図 2-1 の周期表にある原子量の値を使用すること．

第3章

原子と原子の結合・分子

> **目的**：原子どうしが電子対を共有して，結合していることを理解する．
> **要点**：原子の最外殻にあり，結合や反応に関与できる電子を価電子という．原子は価電子を
> 使ってほかの原子と結合して，分子ができている．

　お茶からカフェインを抽出すると白い粉として得られる．その物質を細かく見ていくと，その性質を示す最小単位として，複数の原子からなる1個の**分子**にいきつく．カフェイン分子1個は10個の水素原子，8個の炭素原子，4個の窒素原子，2個の酸素原子から構成されている．これらの原子は以下の図3-1のように結合している．

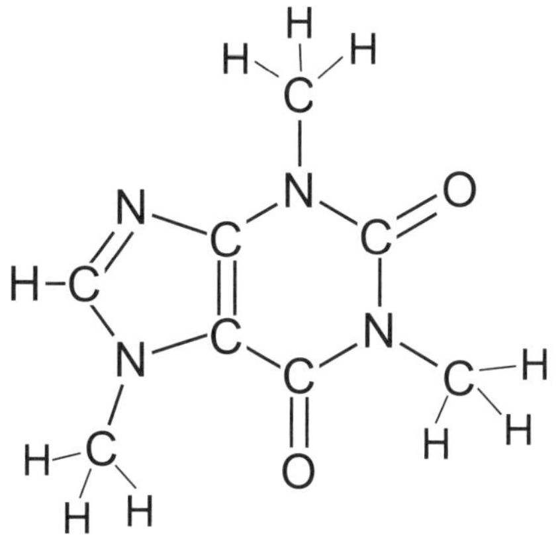

図3-1　カフェイン分子の構造式

3-1 構造式（線結合構造）

各原子は元素記号で示され，それらの結合が線で記されている．こうした分子の表現を**構造式**（あるいは**線結合構造**）という．水素 H からは線が 1 本，炭素 C からは 4 本，窒素 N からは 3 本，酸素 O からは 2 本，それぞれ伸びていることがわかる．

3-2 共有結合

原子間で電子対（最外殻にある電子 2 個）が共有されて**共有結合**ができる．その結果，その結合の両端にある原子どうしが一定の距離を保っている（実際は，結合の両端の原子，それぞれの核と核の距離（核間距離）は，ある結合距離を中心に振動している）．

通常，結合両端の原子間で電子対 1 組のみが共有されている場合が多く，これを**単結合**といい，構造式では線 1 本で示される．図 3-1 のカフェイン分子内の結合では，結合両端の原子間で電子対が 2 組共有されている場合もあり，これを**二重結合**といい，構造式では線 2 本で示される．たとえば図 3-1 における酸素原子 O 2 個はともに炭素原子 C と二重結合している．

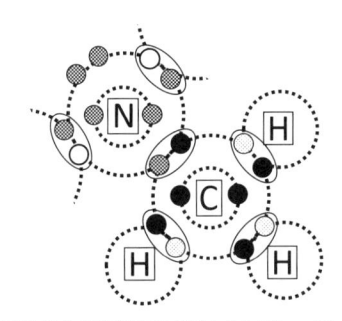

図 3-2　共有結合と電子対の共有（カフェイン分子の一部）

3-3 結合の数

原子の種類によって伸びている線の数が違う，つまり，結合できる原子数が異なるのはなぜだろうか．原子は種類ごとに最外殻にある電子数が異なり，その結果，共有できる電子対の数が異なるためである．

2 章の図 2-1 の周期表内にある各原子の電子配置図を見ると，第 2 周期に属する炭素，窒素，酸素の各原子は，L 殻に価電子をそれぞれ，4，5，6 個もつ．L 殻には最大 8 個の電子が収容可能であり，新たに追加で収容できる電子数は炭素，窒素，酸素の各原子は，それぞれ，4，3，2 個である．

　結合の際，原子間で共有される電子2個うちの1個が新たに結合する相手原子に由来すると仮に考えると，最外殻に追加で収容できる電子数が，結合できる相手の原子数になる．メタン，アンモニア，水の各分子を示した図3-3のように，複数の原子と結合する炭素，窒素，酸素原子の最外殻（L殻）の電子数は，収容できる上限の8個になっている．水素原子はK殻に電子を収容しており，K殻が収容できる電子の上限は2個である．図3-3（上段）では，水素原子との結合で，共有されている電子の対は，K殻とL殻が重なる空間に置かれている．

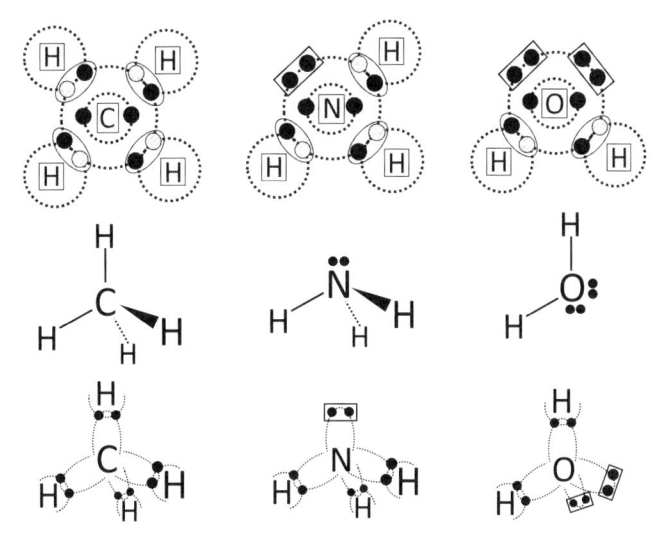

図3-3　メタン（左），アンモニア（中），水（右）の分子の電子配置（上段）と形がわかる
構造式（中段，第3章コラム参照），および価電子と軌道の様子（下段，第7章参照）

　メタン分子は炭素原子1個と水素原子4個からできており，分子式 CH_4 で表現される．炭素原子の個数を示す1は省略されている．同様に，アンモニア分子は窒素原子1個と水素原子3個からできており，分子式 NH_3 で示される．水分子は酸素原子1個と水素原子2個からなり，分子式は H_2O である．

【例題 3-1】

(1) 窒素原子1個が4個の水素と結合したアンモニウムイオン NH_4^+ と，図3-3のアンモニア分子 NH_3 を比較しながら，アンモニウムイオンとアンモニア分子，それぞれ1個に含まれる陽子数と電子数を答えなさい．

(2) それぞれについて，中心にある窒素原子の最外殻にある電子数を答えなさい．

(3) アンモニア分子からアンモニウムイオンができる際，必要となるイオン1個を示しなさい．

(4) (3) の反応で，新しい共有結合がどのように生成するか説明しなさい．

〈解説〉

(1) アンモニウムイオン NH_4^+：陽子数 11 個，電子数 10 個，アンモニア分子 NH_3：陽子数 10 個，電子数 10 個

(2) ともに中心の N 原子の最外殻，L 殻には 8 個の電子がある．水素原子に由来する電子も含めて数えている．

(3)

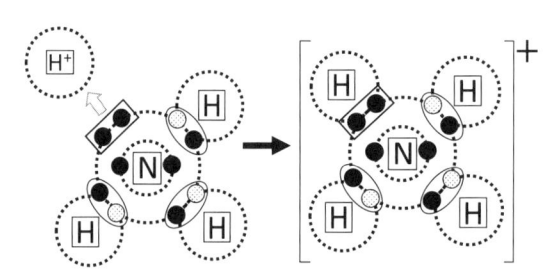

図 3-4　アンモニアと水素イオン H^+ が反応する様子

上の図を反応式で示すと以下になる．

$$NH_3 + H^+ \rightarrow NH_4^+$$

つまり H^+（陽子 1 個と同様であるため，水素のプラスイオンはプロトンともいう）が必要となる．

(4) アンモニア分子の窒素原子の最外殻にあり，結合に参加していない電子 2 個（**非共有電子対**とか**孤立電子対**という）が，(3) の電子をもたない水素イオンと共有される．その結果，窒素と水素の間で新たに 4 個目の結合が追加される．こうした結合を**配位結合**という．

【問題 3-1】　一部の不安定な分子やイオンでは，炭素原子の最外殻の電子数が 8 より少ない場合がある．カルボカチオンの一種，CH_3^+ の炭素は 3 個の水素と単結合しており，結合の数は 3 本しかない．

(1) このイオン 1 個に含まれる陽子の数と電子の数をそれぞれ答えよ．

(2) 中心原子である炭素の最外殻（L 殻）にある電子の数はいくつか？　水素原子由来の結合に使われている電子も含めて数えよ．

3-4　価電子

　最外殻にあり，結合や反応と関わることができる電子を**価電子**という．2 章の周期表（図 2-1）の第 18 族元素の列にある原子は希ガス原子といわれ，安定で反応しづらい．最外殻に電子 8 個

をもつが，これらは結合に関わりづらいため，価電子とはいわない．

3-5 電気陰性度

　原子の種類によって電子を引き付ける強さが異なり，この度合いは**電気陰性度**で示される．結合の両端の原子が異なる種類で，電気陰性度が異なるとき，共有されている電子対は電気陰性度の大きい方の原子に引き寄せられ，結合に**極性**が生じる．つまり，電子密度が高くなる方は電気的にやや－（マイナス）に，電子密度が低くなる方はやや＋（プラス）になる．こういう結合を**極性共有結合**という．共有されている電子対の偏りが大きい場合，**イオン結合**といわれる．

【例題 3-2】　図 3-1 のカフェインの構造式に見出される炭素と酸素の結合において，共有されている電子は，炭素と酸素のどちらにより強く引き付けられているか？　炭素と酸素の電気陰性度の値を自分で調べて答えよ．次に，この結合の両端の炭素と酸素，どちらが電気的にややマイナスで，どちらがややプラスになるかも答えよ．

〈解説〉　ポーリングによる電気陰性度の表が有名である。これによると，炭素：2.55，酸素：3.44 である．酸素の方が大きな値である．酸素の方が電子を強く引き付けることがわかる．電子はマイナスの電荷をもち，電子密度が高くなるのは酸素の方なので，電気的にややマイナスになるのは酸素の方である．他方，炭素側は電子密度が低くなるので，電気的にややプラスになる．

3-6 二重結合

　二重結合においては，両端の原子間で，電子対が 2 組共有されている．その 2 組の電子対がある空間は，炭素や窒素，酸素など第 2 周期の原子の場合，現段階では L 殻と表現するが，7 章以降では**軌道**で示される．軌道は電子が存在可能な空間で，特定の形状をもつ．二重結合の 1 つは*σ*結合（シグマ結合→8 章）といわれる強い結合で，他方は*π*結合（パイ結合→9 章）という弱い結合である．両者の違いは，共有されている電子対が存在する軌道の違いで説明される．

Column 分子の形がわかる表現「破線－くさび形表記」

　分子の構造式は，分子の構成原子の種類と結合の様子を示している．この第 3 章の図 3-3 中段にあるように，結合を表すのに，通常の実線「——」とあわせて，**くさび形**「◀」と**破線**「……」も用いることで，結合ののびる向きを表現できる．紙面に対して自分自身がいる手前方向にのびる結合はくさび形で，反対に紙面から奥の方向にのびる結合を破線で示す．結合の軸が紙面内に収まる場合は実線で示す．こうして分子内で結合がのびる方向を 3 次元で示すことができ，分子のおおまかな立体構造の表現が可能になる．

第4章

化学式と反応式

目的：複数の原子から構成される分子について，分子構造と電子配置を示す方法を学ぶ．また，化学反応で分子が変化する様子を反応式で表現する方法も学ぶ．

要点：分子を構成する原子の種類・数・結合の仕方（分子構造）で分子や物質の性質が説明でき，化学変化はそれら原子の組み合わせの変化である．

4-1 化学式

2～3章に**分子式**，3章に**構造式**の例を挙げた．これら，物質の元素組成や分子の構造を表現したものを一般に**化学式**という．化学式の中には，上記以外にも，点電子式などがある．

4-1-1 点電子式

点電子式では，構成原子の種類とあわせて，各原子の価電子も表す．**Lewis 構造式**ともいわれる．結合で共有されている電子対だけでなく，結合に使用されていない電子対，**非共有電子対（孤立電子対）**も示す．二重結合しているところは，2組の電子対，合計4個の電子が示されている．

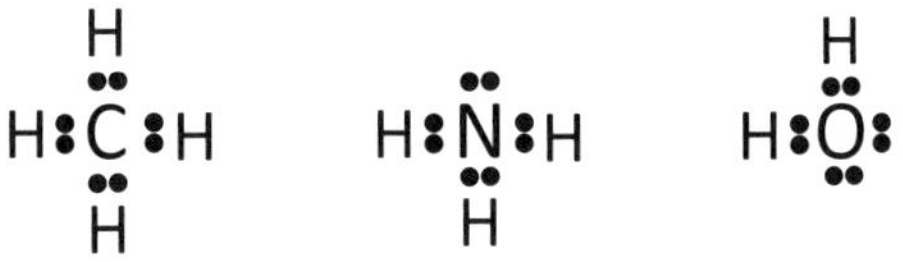

図 4-1　メタン CH_4，アンモニア NH_3，水 H_2O の点電子式

　カフェイン分子1個に含まれる全電子数は102個である（→1章, 問題1-1）. そのうち, 炭素, 窒素, 酸素の各原子のK殻にある電子（内殻電子）2個を除いた, 最外殻のL殻にある価電子の数を合計すると74個になる. これらの電子がどこにあるかわかれば, 分子の性質を理解しやすくなる.

【例題4-1】　カフェイン分子の点電子式を記しなさい.

〈解答〉

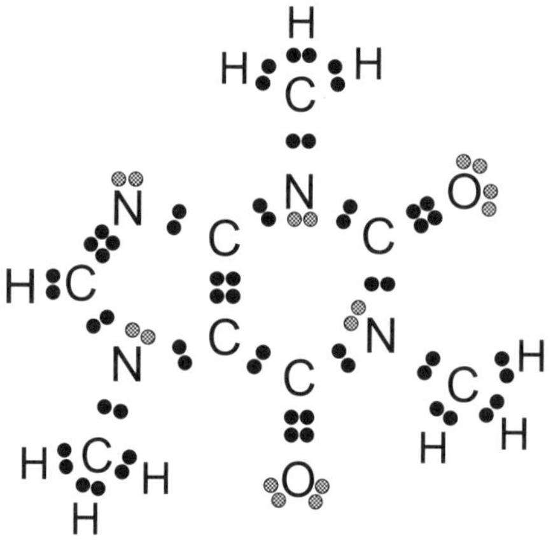

　価電子74個が点で表現されている. 結合を形成する共有電子対の電子は黒い●（58個）で示され, 非共有電子対の電子はグレーの◉（16個）である.

4-1-2　骨格構造

　環状構造を含むような, 比較的大きな分子を示す際, 構造式から水素原子や炭素原子を省略して表現する場合が多い. **骨格構造**では, 炭素原子を示すCと水素原子を示すHが省略され, 炭素原子と水素原子の結合の線も示されない. これらの元素記号や結合が示されていなくても, 水素原子と炭素原子の存在を見落とさないことが大切である.

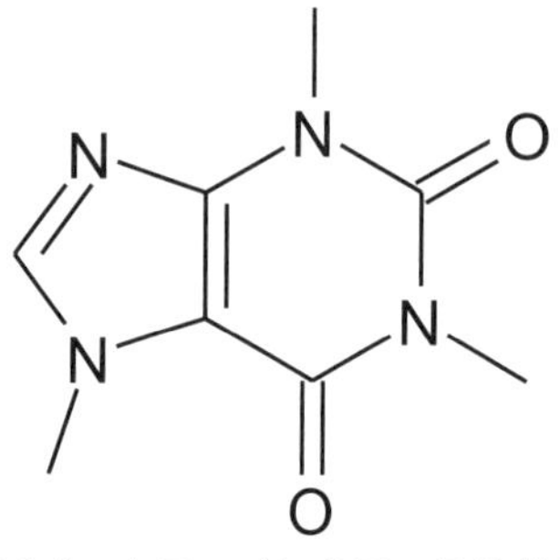

図4-2　カフェイン分子の骨格構造

【問題 4-1】　図 4-2 の骨格構造からカフェイン分子 1 個に含まれる水素原子の個数を数えよ.

4-2　反応式

4-2-1　化学反応式

化学反応式の例：2H₂ + O₂ → 2H₂O

$$\text{化学反応式の例：} 2H_2 + O_2 \rightarrow 2H_2O$$

　反応の方向が矢印「→」で示され,「→」の左側を左辺という. 左辺から右辺への反応を**正反応**という. 左辺に示される物質は**反応物**, あるいは**出発物**といわれる. 上記の例では「H_2」と「O_2」である.

　水素の元素記号 H の左と右下に数字が示されている.「$2H_2$」の左の数字の 2 は係数で, 分子の個数（または, その比）に対応する.「$2H_2$」の右下の小さい数字の 2 は水素分子 1 個が 2 個の水素原子からできていることを示す. つまり, 水素原子 2 個が結合していて, 1 個の水素分子になっている. こうした分子を**2 原子分子**という.

　「O_2」の酸素の元素記号 O の左側に数字はなく, **係数**の 1 が省略されている. 右下の数字の 2 より, 酸素分子も 2 原子分子であることがわかる.

　「→」の右側の右辺に, 反応後に生成する物質, **生成物**が記される. 上記の例では, 水分子 2 個,「$2H_2O$」が生成物である. 水分子の分子式 H_2O から, 水分子は水素原子 2 個と酸素原子 1 個からできていることもわかる. 水分子 1 個に含まれる酸素原子の個数を表す数字の 1 は酸素の元素記号 O の右下に表示されず, 省略されている.

　係数を仮に分子の個数と考えると, 水素分子 2 個と酸素分子 1 個から水分子 2 個ができることがわかる. 左辺に示される全原子の種類と数は, 水素原子が合計 4 個（2×2）で, 酸素原子は 2 個である. 右辺に示される原子の種類と数も同じである. 原子の種類は変わらず, 数も増減せず, 単に「→」の左右, つまり反応の前後で, 原子の組み換え, つまり**結合の開裂と生成**が起きているだけである. この様子を点電子式で示すと図 4-3 のようになる.

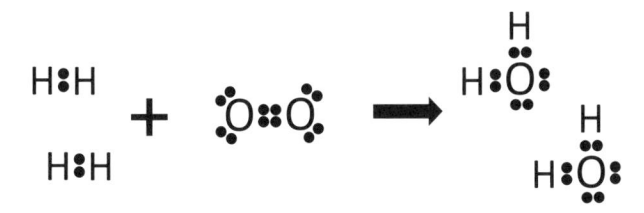

図 4-3　水素分子と酸素分子から水分子ができる様子

【例題4-2】 炭素と水素からメタンが生成した．この変化を化学反応式で示せ．

〈解説〉 炭素は C で示す．水素は水素分子 H_2 で示すのが一般的である．前章の図3-3のようにメタンの分子式は CH_4 である．「→」の左右に反応前の物質と反応後の物質をそれぞれ記すと次のようになる．□は係数の整数が示される場所である．

$$□\, C + □\, H_2 → □\, CH_4$$

次に，左辺と右辺で原子種ごとに数が揃うように，最小の整数値で係数を求め，1を省略して記す．

$$C + 2H_2 → CH_4$$

4-2-2 熱化学方程式

熱化学方程式の例：$C(グラファイト) + O_2(気体) = CO_2(気体) + 394\,kJ$

反応にともなうエネルギー変化の値を化学反応式に追加したものを熱化学方程式という．「→」ではなく，「＝」の記号を用いる．上記の例は，炭素と酸素が二酸化炭素に変化する際，394 kJ の熱エネルギーが生じることを示している．この場合，反応後の右辺にプラスの値で記されており，**発熱反応**である．化学式の後の（ ）内には，その物質の状態が記されている。炭素からなる結晶の1つ，グラファイトについては7章に説明がある。

4-2-3 可逆反応を表す式

可逆反応を表す式の例：$N_2 + 3H_2 \rightleftarrows 2NH_3$

化学反応式では左辺から右辺への反応，正反応を考えた．この変化とあわせて，右辺から左辺への反応，**逆反応**もあわせて考える場合，右向き矢印「→」と左向き「←」を上下に並べて記す．両方の変化がともに起こる反応を**可逆反応**という．

上記の可逆反応が実際に容器内で起きている場面を考えよう．容器内には窒素分子（N≡N）も水素分子（H–H）もアンモニア分子 $\left(\begin{smallmatrix}H-N-H\\|\\H\end{smallmatrix}\right)$ も，それぞれがたくさんあり，ある窒素分子は水素分子と反応してアンモニア分子になる一方，別のアンモニア分子は窒素分子と水素分子になる．多くの正反応と多くの逆反応が同一容器内で一緒に起きている．この様子を点電子式で示すと図4-4のようになる．

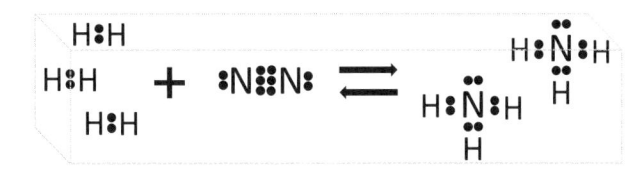

図 4-4　水素分子と窒素分子とアンモニア分子が混在する様子

【問題 4-2】　水素イオン（H⁺）と水酸化物イオン（OH⁻）と水分子（H₂O）が混在する様子を以下に点電子式を用いて示す．これらの可逆反応を表す式を記しなさい．

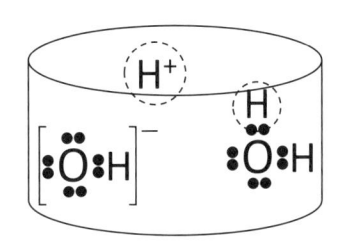

第5章

分子の名前

> **目的**：分子の名前から特定の分子構造をイメージする．似た分子の違いを表現することで，分子どうしの区別を明確にする．
>
> **要点**：分子に名前を与えるシンプルなルールがある．IUPAC 命名法である．これまでの経緯をふまえた名前もあり，慣用名といわれる．

5-1 分子と官能基

　分子は種類により性質が異なり，それぞれ名前が与えられている．特徴的な性質が分子内の一部の複数原子の集まり（官能基）で説明できることが多い．分子の名前とあわせて官能基の名前もわかれば，分子の構造と性質を理解しやすくなる．

【例題 5-1】 以下にカフェインおよび，それと似た分子，それらの一部と似た形の分子を示す．それぞれ何と呼ばれるか？

(1)

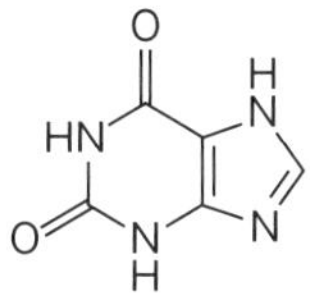

(2)

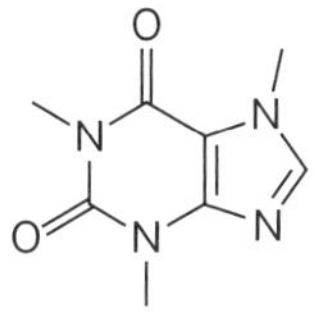

(3)

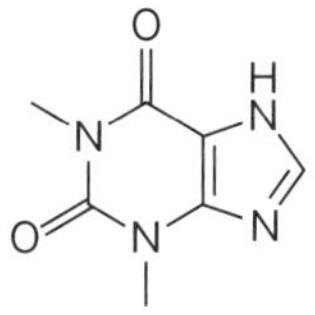

(4)

(5)

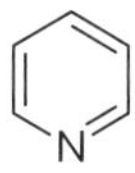

(6)

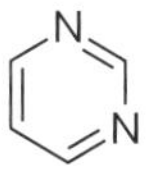

〈解説〉 (1) キサンチン（xanthine），(2) カフェイン（caffeine），(3) テオフィリン（theophylline），(4) ピロール（pyrole），(5) ピリジン（pyridine），(6) ピリミジン（pyrimidine）

　共通する官能基を見出すことで，似た性質を予測できる場合がある．似た分子でも分子構造の微妙な違いから，性質の違いを説明できることが多い．メタンとメチル基のように，分子の名前と分子内の一部分（官能基）では表現が異なる．

5-2　IUPAC 命名法と慣用名

　生体成分や医薬品などについて学ぶうえで，分子名から分子の構造を予測できると便利である．そのために，国際的なルール IUPAC 命名法の基本を学ぶ．この命名法は 5～10 年ごとに見直されており，化学系の領域（1993 年規則）と生化学系や医学系の領域（1979 年規則）では使われ方が異なっている．本書では医療系で用いられている 1979 年規則を中心に解説を行う．例えば，$CH_3CH=CHCH_3$ を命名するときに，1979 年規則では「2-butene」とする。一方，1993 年規則では「but-2-ene」とする。二重結合の位置番号を最初に示すか，接尾語の直前に示すかの違いである．

　生体成分の多くは有機化合物からなる．つまり，炭素を含む化合物を中心とした物質群で構成されている．そのほとんどが炭素，水素，酸素，窒素の 4 元素を中心に構成されており，硫黄，リン，ハロゲン化合物を含んでいる場合も多い．それらの骨格をなす炭化水素から考える．

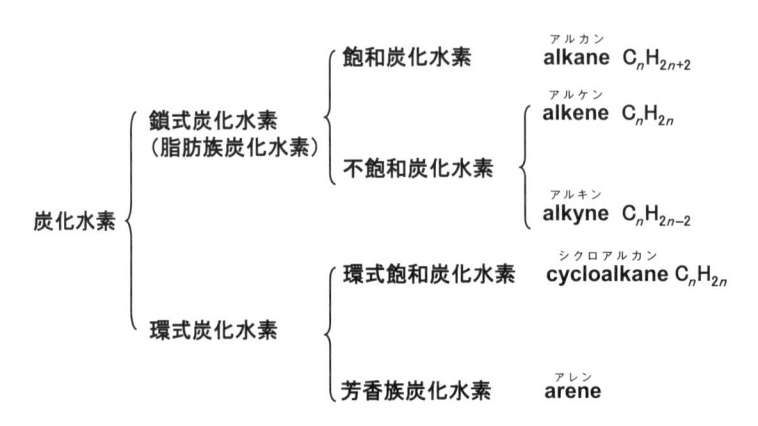

図 5-1　炭素と水素からなる化合物（炭化水素）の分類
n は炭素の数を表し，多重結合や環構造の有無によって水素の数が異なることがわかる．

5-3　数の表示について

炭素と水素からできている分子の名前はシンプルなルールに基づいている.

1. その分子内にある最長の炭素鎖(炭素原子が連続して結合しているところ)を見つけて母体とする.
2. その母体に多重結合や環構造が含まれているか確認する. 母体を構成する炭素数と, 二重結合・三重結合・環構造の有無で母体名が決まる.
3. 母体の炭素鎖に, 枝分かれしてつく置換基(側鎖)をすべて見つける. 置換基の名前と数が決まる.
4. 母体の炭素鎖内の多重結合の位置や, 置換基の位置に基づいて, 母体で連続してつながる炭素に番号をつける. 両端のどちらかから, 1 から順に整数で番号をふる.
5. 母体のどの番号の炭素に置換基がつくかを示したうえで, 置換基の名前・数の情報とあわせて, 置換基の名前をアルファベット順に並べ, 母体名の前に記す.

以上をまとめると, 分子名には, 以下のような情報が順番に整理されて含まれていることがわかる.
(置換基の位置+数+名前)+(母体を構成する炭素数に基づく語+母体の分子構造を説明する接尾語)

表 5-1　アルカン・アルケン・アルキンの名称

炭素の数を表す語	アルカン alkane (アルキル基)	アルケン alkene (二重結合が 1 個)	アルキン alkyne (三重結合が 1 個)
1 (mono)	methane (methyl)	………	………
2 (di)	ethane (ethyl)	ethylene (ethene)	ethyne (acethylene)
3 (tri)	propane (propyl)	propene	propyne
4 (tetra)	butane (butyl)	butene	butyne
5 (penta)	pentane (pentyl)	pentene	pentyne
6 (hexa)	hexane (hexyl)	hexene	hexyne
7 (hepta)	heptane (heptyl)	heptene	heptyne
8 (octa)	octane (octyl)	octene	octyne
9 (nona)	nonane (nonyl)	nonene	nonyne
10 (deca)	decane (decyl)	decene	decyne

5-4 アルカン（alkane, C_nH_{2n+2}）

アルカン（alkane）は単結合のみからなる炭化水素である．炭素の数が n の場合，水素の数は $2n+2$ になるので，アルカンの一般式は C_nH_{2n+2} になる．炭素数が3のアルカンは，3を表す「prop-」とアルカンを示す接尾語「-ane」を組み合わせたプロパン propane という名前をもつ．

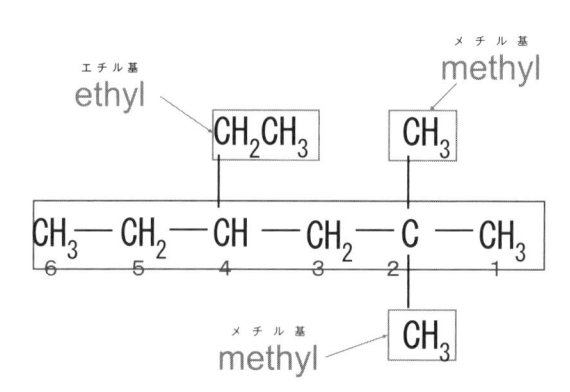

4-ethyl-2,2-dimethylhexane

図5-2　アルカン alkane の命名の例

① 母体（最長の炭素鎖を見つける．Cが6個なので hexane である．）
② 母体の炭素に番号をつける．右からと左からの2通りがある．側鎖（置換基）の番号が小さくなるようにする．この場合右から番号をふるので，methyl 基がつく炭素の番号は2，ethyl 基がつく炭素の番号は4になる（もし左から番号をふると，methyl 基と ethyl 基がつく母体の炭素の番号は5と3になってしまう）．
③ 側鎖をアルファベット順に並べる．ここでは methyl 基と ethyl 基があり，「m」と「e」で ethyl 基が先である．2個ある methyl 基の前には，その数（2）を表す接頭語 di- をつける．アルファベット順に並べる際，この接頭語は含めないで考える．

【例題5-2】 以下の分子を命名せよ．

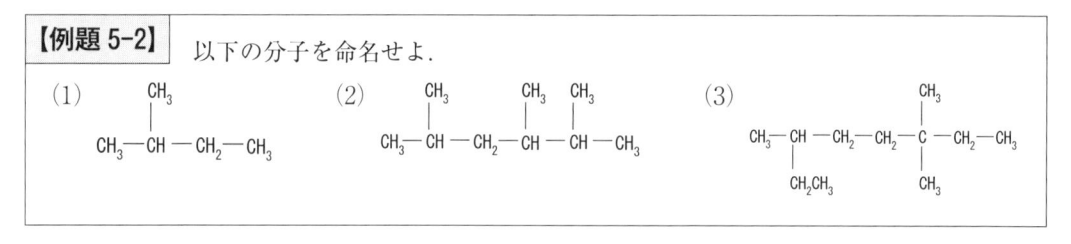

〈解答〉　(1) 2-methylbutane　(2) 2,3,5-trimethylhexane　(3) 3,3,6-trimethyloctane

(3) の母体は折れ曲がって表現されているので，見つけにくいかもしれない．8個の炭素が鎖状につながっているところが母体である．methyl 基が3個あることを示すために，接頭語 tri- が使われている．

5-5　アルケン（alkene，C_nH_{2n}）

アルケン（alkene）は二重結合を含む炭化水素である．1 個のアルケン分子内に二重結合が 1 個だけの場合，炭素数 n に対して，水素数は $2n$ になる．炭素数が 3 のアルケンはプロペン propene となる．3 を表す「prop-」とアルケンを表す「-ene」が組み合わさっている．

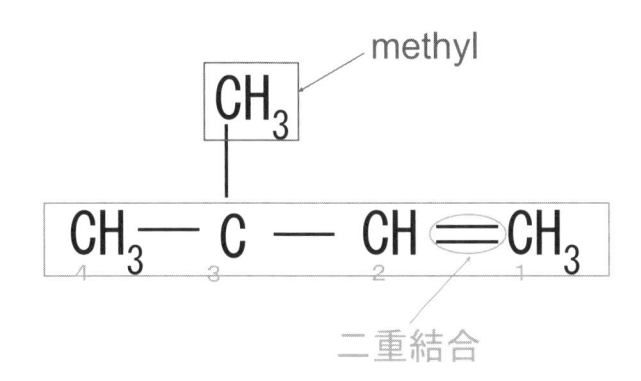

3-methyl-1-butene

図 5-3　アルケン alkene の命名の例

① 二重結合を含み，最も長い炭素鎖を母体とする．ここでは炭素が 4 個並ぶところが母体になる．炭素数 4 を示す語「but-」を用いる．二重結合が含まれるので語尾は「-ene」で，ブテン butene になる．

② 置換基（側鎖）である methyl 基が母体の左から 2 番目の炭素につくが，二重結合は母体の右から 1 番目の炭素（と 2 番目の炭素の間）にある．後者を優先して母体の炭素に番号をふる．つまり，右から番号 1，2，3，4 を与える．

【例題 5-3】　以下の分子を命名せよ．

(1) $CH_2 = CH - CH_2 - CH_2 - CH_2 - CH_3$　　　(2)
$$CH_2 = C - CH = CH_2$$
（上部に CH_3 が枝分かれ）

〈解答〉　(1) 1-hexene あるいは，hex-1-ene（ヘキセン，ヘキセ エン）　(2) 2-methyl-1,3-butadiene あるいは，2-methylbuta-1,3-diene（メチル ブタジエン，メチルブタ ジエン）

(2) の分子は母体内に二重結合が 2 個ある．2 個を示す「di-」と二重結合を示す「-ene」が組み合わさった語が母体名に含まれている．「1,3-」は母体内での二重結合の位置を示している．

5-6 アルキン（alkyne，C_nH_{2n-2}）

アルキン（alkyne）は三重結合を含む炭化水素で，一般的には C_nH_{2n-2} で示されることが多い（三重結合が1個だけで，ほかに多重結合や，環構造が含まれない場合）．炭素数が3のアルキン $H-C \equiv C-CH_3$ はプロピン propyne である．これまでと同様，3を表す「prop-」とアルキンを表す「-yne」が組み合わさっている．

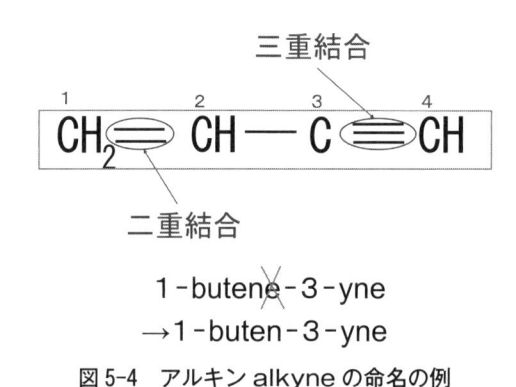

三重結合

二重結合

1-butene-3-yne
→1-buten-3-yne

図5-4 アルキン alkyne の命名の例

① 母体には炭素Cが4個あり，二重結合と三重結合の両方を含む．この場合，butene＋-yne になり，さらに「e」が除かれて，buten＋yne になる．

② 母体を構成する炭素に与える番号は，この場合，左から順に1，2，3，4となる．二重結合の場所を示す番号が小さくなるようにしている．三重結合の位置を示す番号は1ではなく，3になる．三重結合の位置を示す数よりも二重結合の位置を示す数が小さくなるように，母体の炭素に番号をふる．

【例題 5-4】 以下の分子を命名せよ．

(1) $CH \equiv C-CH_2-CH_3$　　(2) $CH \equiv C-CH_2-CH_2-C \equiv CH$　　(3) $CH_2 = CH-C \equiv C-CH = CH_2$

〈解答〉 (1) 1-butyne あるいは，but-1-yne　(2) 1,5-hexadiyne あるいは，hexa-1,5-diyne
(3) 1,5-hexadien-3-yne あるいは，hexa-1,5-dien-3-yne

このように分子の名前を答える例題がこの章では多く用意されているが，特定の一種類の分子であっても，それがもつ名前は1つではないことが多い．解答で示されている分子の名前は代表的な名前に過ぎず，これ以外，別の名前がある可能性があることも知っておいてほしい．

5-7 環式炭化水素の名前

環構造を含む炭化水素は，接頭語として cyclo を領域炭化水素名につけて命名する．

<ruby>cyclohexene<rt>シ ク ロ ヘ キ セ ン</rt></ruby>

図 5-5 環式炭化水素の命名の例

【例題 5-5】 分子（1）～（3）と置換基（4）の名前を記せ.

（1）　　　（2）　　　（3） $CH_2-CH_2-CH_2-CH$　　　（4）
H_2C　　　　　　　　　　CH
　　　　　　$CH_2-C \equiv C-CH_2$

〈解答〉 （1) cyclopentane（シクロペンタン）　（2) cyclopentadiene（シクロペンタジエン）
（3) 1-cyclodecen-4-yne（シクロデセン エン イン）あるいは，cyclodec-1-en-4-yne　（4) cyclohexyl（シクロヘキシル）

　（4）は分子の一部である．母体ではなく，母体につく置換基としての名前である．母体名の前に置かれ，語尾が「-yl」になっている（これまででてきた置換基，メチル基 methyl やエチル基 ethyl と同じ語尾になっている）.

5-8　芳香族炭化水素の慣用名

　系統的な IUPAC 命名法で名前が与えられる分子のほかに，慣用名が用いられる分子も多い．芳香族炭化水素といわれる化合物群には慣用名で呼ばれる分子が多い.

【例題 5-6】 芳香族炭化水素（1）～（4）の慣用名を記せ．なお，これらは慣用名が優先される分子である.

（1) 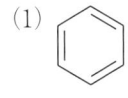　　（2) 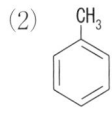　　（3) 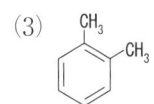　　（4)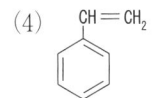

〈解答〉　（1) cyclohexatriene ではなく，benzene（ベンゼン）という.

　　　　　（2) methylbenzene ではなく，toluene（トルエン）という.

　　　　　（3) *o*-dimethylbenzene ではなく，*o*-cresol（オルト–クレゾール）という．置換基（X）がベンゼン環に2個つくとき，以下の3種類がある．それぞれ

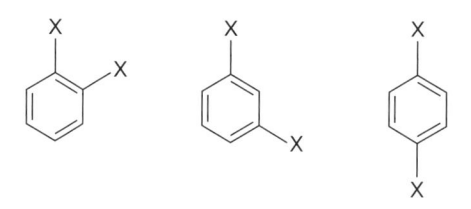

o– （オルト-），　*m*– （メタ-），　*p*– （パラ-） という．
（4）vinylbenzene ではなく，styrene（スチレン）という．

5-9　芳香族炭化水素とその基

二置換体を *o*-, *m*-, *p*-で示す以外は，benzene（ベンゼン）を母体と考えて，置換基の位置を置換基がつくベンゼン環の炭素の番号で示す．番号のふり方は図5-6 の例のように，置換基につく数が小さくなるように時計回りか反時計回りかを決める．

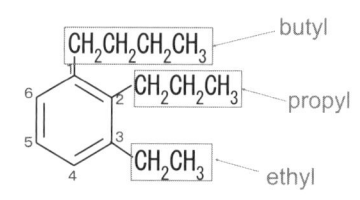

1-butyl-3-ethyl-2-propylbenzene

図 5-6　芳香族炭化水素の命名の例

図 5-7 のように，ベンゼン環が母体に含まれずに，ほかの大きな母体にベンゼン環が置換基としてつく場合がある．この基を phenyl 基（フェニル基）という．このような，ベンゼン環を含む芳香族炭化水素からなる置換基を一般に aryl 基（アリル基またはアリール基）という．

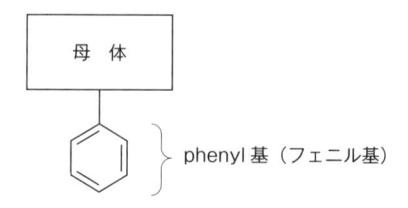

図 5-7　ベンゼン環が置換基として母体につく場合

【例題 5-7】 分子（1）〜（3）について，慣用名を用いて命名せよ．（4）は分子の一部である．これが置換基のとき，何と呼ばれるか．

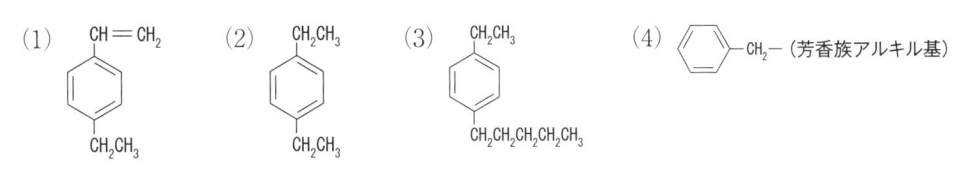

〈解答〉
(1) 4-ethylstyrene（*p*-ethylstyrene）母体はスチレン styrene である．
(2) *p*-diethylbenzen（1,4-diethylbenzene）
(3) 1-ethyl-4-pentylbenzene（*p*-ethylpentylbenzene）（2）と（3）の分子の母体はベンゼン benzene として命名している．（4）benzyl，日本語ではベンジル基という．

5-10　複数の環構造を含む炭化水素

図 5-8 の分子は単結合と二重結合が交互に連続して複数の環構造ができている（縮合多環式炭化水素という）．それぞれよく知られた分子で，慣用名を記す．ここでは各炭素にふられた番号に注目してほしい（固定番号）．置換基の位置がその番号で表現されることになる．

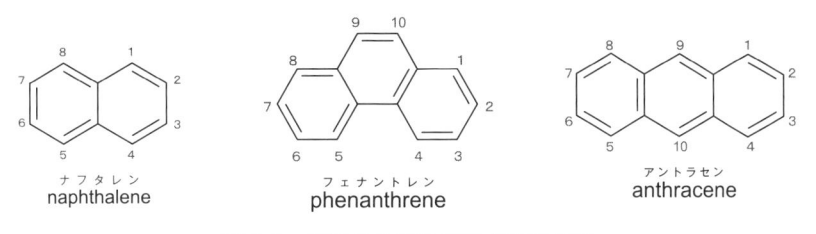

図 5-8　代表的な縮合多環式炭化水素

5-11　プロピル（propyl）基とブチル（butyl）基について

炭素を 3 個含むアルキル基はプロピル基である．これには 2 種類，ノルマルプロピル（*n*-propyl）基とイソプロピル（isopropyl）基がある．

(1) 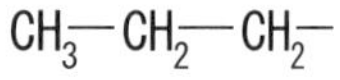　　　　CH₃—CH₂—CH₂—

　　　　***n*-propyl**（ᴺᴸᴹ·ᴸ**ン-プロピル基**）

(2)

H₃C
　　＼
　　　HC—
　　／
H₃C

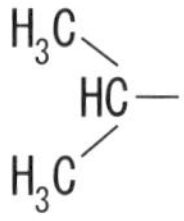

　　isopropyl（**イソプロピル基**）

　炭素を4個含むアルキル基はブチル基である．これには以下の4種類があり，それぞれに名前がある．

(1) 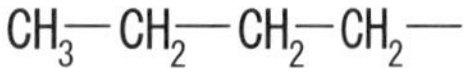　CH₃—CH₂—CH₂—CH₂—

　　　***n*-butyl**（ᴺᴸᴹ·ᴸ**ン-ブチル基**）

(2)

H₃C
　　＼
　　　CH—CH₂—
　　／
H₃C

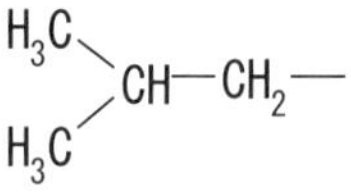

　　　　　isobutyl（**イソブチル基**）

(3) 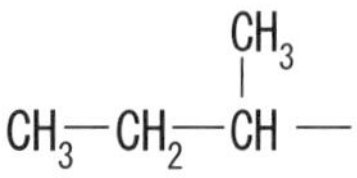
　　　　　　　　CH₃
　　　　　　　　|
　　CH₃—CH₂—CH —

　***sec*-butyl**（ˢᵉᵏᵃⁿᵈᵃʳⁱ**sec-ブチル基**）

(4) 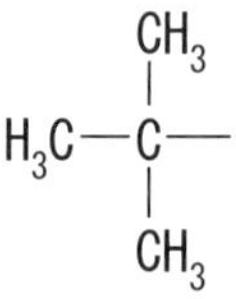
　　　　　　CH₃
　　　　　　|
　　H₃C—C—
　　　　　　|
　　　　　　CH₃

　　***tert*-butyl**（ᵗᵃⁿˢʰᵃʳⁱ**tert-ブチル基**）

5-12 アルコール（alcohol）

　アルコールはアルカンの-ane の e を ol に変える．アルコールより優先する官能基群がある場合は置換基いなり，hydroxy をつける．

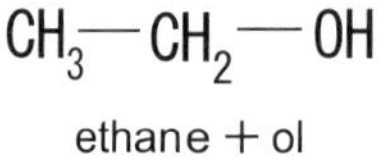

CH₃—CH₂—OH

ethane＋ol　　（IUPAC 名）ᵉᵗᵃⁿᵒⁿᵘ ethanol　　（慣用名）ᵉᵗⁱᵏⁿ ᵃⁿᵏⁿʰᵒⁿᵘ ethyl alchol

図 5-9　エタノール分子の化学式とその名前

【例題 5-8】　以下の分子を命名せよ.

(1)
$$CH_3 - \underset{\underset{\text{OH}}{|}}{CH} - CH_3$$

(2)
$$CH_3 - CH = \underset{\underset{\text{CH}_3}{|}}{C} - CH_2 - OH$$

(3)
$$H_3C - \underset{\underset{\text{CH}_3}{|}}{\overset{\overset{\text{CH}_3}{|}}{C}} - OH$$

(4)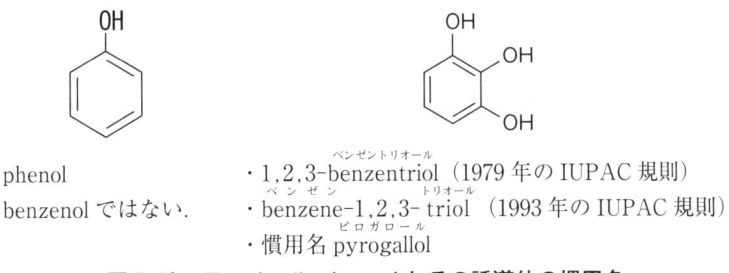

〈解答〉　(1) 2-propanol（プロパノール propan-2-ol プロパン オール）　(2) 2-methyl-2-buten-1-ol メチル ブテン オール（2-methylbut-2- メチルブテ en-1-ol エン オール）
(3) *tert*-butyl alcohol ブチル アルコール（2-methylpropan-2-ol メチルプロパン オール）　(4) benzyl alcohol ベンジル アルコール

5-13 フェノール（phenol）

　図5-10のように，フェノール（phenol）はベンゼンの1つの水素がヒドロキシ基（-OH）に置換している．フェノールの誘導体（フェノールの構造を含む化合物）には慣用名をもつ分子が多い.

phenol
benzenol ではない.

・1,2,3-benzentriol ベンゼントリオール（1979年の IUPAC 規則）
・benzene-1,2,3-triol ベンゼン トリオール（1993年の IUPAC 規則）
・慣用名 pyrogallol ピロガロール

図5-10　フェノール phenol とその誘導体の慣用名

【例題 5-9】 分子(1)〜(6)の名前を調べて記せ.

(1)

(2)

(3)

(4)

(5)

(6)

〈解答〉 (1) 1,2,4-benzenetriol（ベンゼントリオール benzene-1,2,4-triol トリオール）ベンゼン (2) *o*-cresol オルト クレゾール (3) 2-naphthol ナフトール
(4) pyrocatechol（ピロカテコール catechol）カテコール (5) resorcinol レゾルシノール (6) hydroquinone ヒドロキノン

アルコールやフェノールから水素が取れて基（母体につく置換基）になるときは，アルコキシ基，フェノキシ基という．以下のように分子名の語尾を-ol から-oxy に変えて用いる.

(1) CH_3O-

methoxy
メトキシ基

(2) C_2H_5O-

ethoxy
エトキシ基

(3) C_6H_5O-

phenoxy
フェノキシ基

アルコールまたはフェノールからできる陰イオン，またはその陰イオンからできる塩の名前には，-ol を-olate または-yl oxide に変えて用いる．sodium はナトリウム Na で，potassium はカリウム K である.

(1) CH_3-CH_2ONa

ソディウム エタノーレート
sodium ethanolate
ソディウム エトキシド
sodium ethoxide

(2) $C_6H_5-CH_2ONa$

ソディウム ベンジル アルコレート
sodium benzyl alcolate
ソディウム ベンジル オキシド
sodium benzyl oxide

(3) C_6H_5OK

ポタジウム フェノラート
potassium phenolate
ポタジウム フェノキシド
potassium phenoxide

5-14 エーテル （ether）

酸素原子が2個のアルキル基（-R と-R′）と単結合でつながる構造を含む分子はエーテル（ether）といわれる．2個のアルキル基の名前をつなげて R R′ ether（R R′ エーテル）という名前の分子になる．図5-11の例，ethyl methyl ether（エチルメチルエーテル）では炭素2個が連続

する部分を母体，CH₃-O-（methoxy，メトキシ基）を置換基にみなして methoxy ethane（メトキシエタン）ということもある.

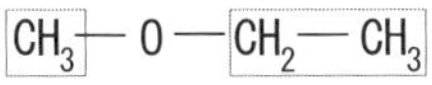

$$CH_3 - O - CH_2 - CH_3$$
メ キ ト ン　　エタン
methoxy ethane
エチル　メチル　エーテル
ethyl methyl ether

図5-11　エーテル ether 分子の例とその名前

【例題5-10】 　分子（1）と（2）の名前を記せ.

（1）$CH_3 - CH_2 - O - CH_2 - CH_2 - CH_3$

（2）
phenyl — O — CH₂CH₃
　　　　　　　　ethyl

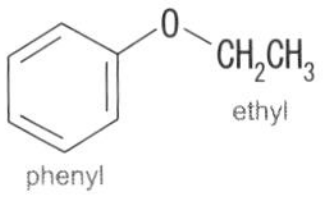

〈解答〉 （1）1-ethoxypropane または，ethyl propyl ether
エトキシプロパン　　　　　　エチル　プロピル　エーテル

（2）ethoxybenzene または，ethyl phenyl ether
エトキシベンゼン　　　　エチル　フェニル　エーテル

5-15　硫黄 S を含む分子

　硫黄 S と水素 H からなる基，-SH をもつ化合物を thiol（チオール）という．-SH はチオール基とかスルファニル基，メルカプト基など複数の名前をもつ．チオールはアルコールの-ol の代わりに-thiol を用いて命名する．ただし，アルカンの語尾にある-e は省略しない．図5-12の例のエタンチオールは ethan「e」thiol である.

　チオール基より優先する官能基がある場合は，mercapto-を最初に記す.
メルカプト

ethane　　　thiol
$$CH_3 - CH_2 - SH$$

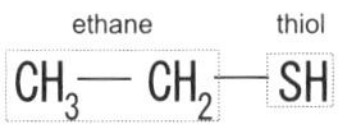

ethanethiol　エタンチオール
図5-12　チオール thiol の例とその名前

　ether エーテル（R-O-R'）と似ている，R-S-R' を sulfide（sulphide）スルフィド，または thioether チオエーテルという.

【例題 5-11】 次の分子の名前を記せ.

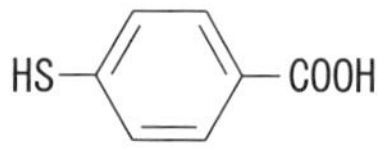

$$\text{HS} - \bigcirc - \text{COOH}$$

〈解答〉 <ruby>p<rt>パラ</rt></ruby> -mercaptobenzoic acid

-HS よりも-COOH を優先している. 官能基の優先順位を示す表をこの章の最後に示す.

5-16 窒素 N を含む分子

　アンモニア NH_3 の水素をアルキル基で置換した化合物を amine（アミン）という. この置換されたアルキル基が 1 個, 2 個, 3 個の化合物をそれぞれ第一級アミン, 第二級アミン, 第三級アミンといい, 語尾に-amine をつけて命名する. これらが置換基のときは, アミノ基といい, amino-とする.

$$CH_3 - CH_2 - NH_2$$
エチルアミン
ethylamine（第一級アミン）

$$CH_3 - NH - C_2H_5$$
エチルメチルアミン
ethylmethylamine（第二級アミン）

$$(C_2H_5)_3N$$
トリエチルアミン
triethylamine（第三級アミン）

図 5-13　アミン amine の例とそれらの名前

【例題 5-12】 分子（1）〜（7）の名前を記せ.

(1)
$$CH_3 - \underset{\underset{CH_3}{|}}{\overset{\overset{CH_3}{|}}{C}} - NH_2$$

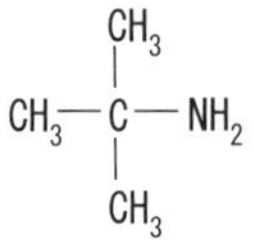

(2) $H_2N - CH_2 - CH_2 - CH_2 - CH_2 - NH_2$

(3) $CH_3 - CH_2 - CH_2 - CH_2 - N(CH_3)_2$

(4)
$$\bigcirc - NH_2$$

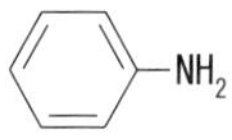

(5)
$$H_2N - \bigcirc - COOH$$

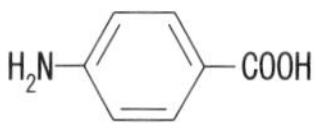

(6)
$$CH_3 - CH_2 - \overset{\overset{O}{||}}{C} - NH$$

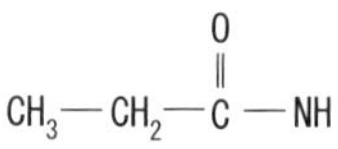

(7)
$$CH_3 - \overset{\overset{O}{||}}{C} - NH - CH_3$$

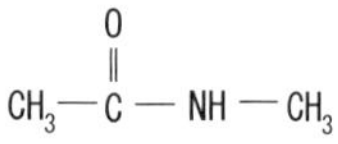

〈解答〉 (1) <ruby>*tert*-butylamine<rt>ブチルアミン</rt></ruby>　(2) 1,4- <ruby>butanediamine<rt>ブタンジアミン</rt></ruby>（<ruby>tetramethylenediamine<rt>テトラメチレンジアミン</rt></ruby> ともいわれ
る. -CH_2-は <ruby>methylene<rt>メチレン</rt></ruby> 基という）
(3) <ruby>N,N-dimethylbutylamine<rt>ジメチルブチルアミン</rt></ruby>　「N,N-」はメチル基（-CH_3）2 個がつく位置を示して

いる．窒素 N に結合しているとき，このように表す．　(4) aniline　<ruby>アニリン</ruby>　慣用名である．
(5) *p*-aminobenzoic acid　<ruby>アミノベンゾイック アシッド</ruby>　$-NH_2$ よりも$-COOH$ を優先して命名している．

(6) propaneamide　<ruby>プロパンアミド</ruby>　の部分を amide（アミド）という．この分子には炭素が

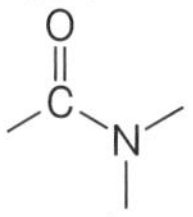

3 個含まれているので「propane」<ruby>プロパン</ruby> が含まれている．　(7) *N*-methylethanamide <ruby>メチル エタン アミド</ruby>

5-17　アルデヒド（aldehyde）

官能基$-CHO$，を含む分子を aldehyde（アルデヒド）という．

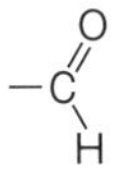

アルデヒドはアルカンの-e を-al に変えて命名する．図 5-14 の分子は単結合でつながる炭素
3 個を含むアルデヒドである．propane の語尾を変えて propanal<ruby>プロパナール</ruby> にする．

$$CH_3- CH_2- CHO$$
propanal

図 5-14　アルデヒド aldehyde の例とその名前

【例題 5-13】 分子 (1) と (2) の名前を記せ．

(1) $CH_3- CH_2- CH_2- CH_2- CH_2- CHO$　　(2) $OHC- CH_2- CH = CH - CHO$

〈解答〉(1) hexanal<ruby>ヘキサナール</ruby>　(2) 2-pentene-1,5-dial<ruby>ペンテン ジアール</ruby>，または 2-pentenedial<ruby>ペンテンジアール</ruby>

5-18　ケトン（ketone）

官能基を含む分子を ketone（ケトン）という．ケトンはアルカンの-e を-one に変

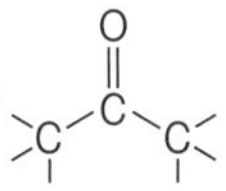

えて命名する．あるいは，のケトンの場合，R R' ketone と命名する-R と-R' は異なるア

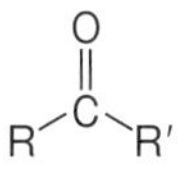

ルキル基を示す．

$$CH_3 — CH_2 — CO — CH_3$$

エチル メチル ケトン ブタノン
ethyl methyl ketone，あるいは 2-butanone

図 5-15　ケトン ketone の例とその名前

【例題 5-14】　分子 (1)〜(3) の名前を記せ.

(1) $CH_3—CH_2—CO—CH_2—CH_3$　　　(2) $CH_2=CH—CH_2—CO—CH_2—CH_3$　　　(3)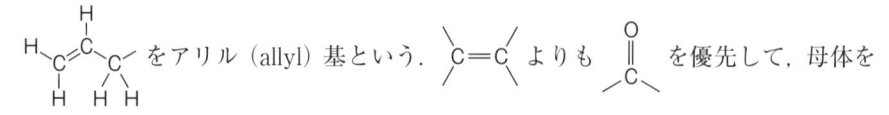

〈解答〉

(1) 3-pentanone，または diethyl ketone，あるいは pentan-3-one といわれる分子である.

(2) 5-hexen-3-one，allyl ethyl ketone，hex-5-en-3-one などといわれる.

H₂C=CH—CH₂ をアリル (allyl) 基という．C=C よりも C=O を優先して，母体を構成する炭素の番号がふられている．つまり右から順に 1 → 6 の番号が炭素に与えられている．その結果，ケトンの位置は 3，二重結合の位置は 5 になっている.

(3) 4-iodo-2-pentanone と主にいわれている分子である．ハロゲン I よりもケトン C=O を優先して母体の炭素に番号が左からふられていることがわかる.

5-19　カルボン酸 （carboxylic acid）

カルボン酸に含まれるカルボキシ基 -COOH, $-C{\small \begin{matrix}O\\ O-H\end{matrix}}$ は最も優先される原子団で，アルカンの

-e を -oic acid に変えて命名される．環に直接カルボキシ基が結合しているときは，環の名前に -carboxylic acid をつけて命名する.

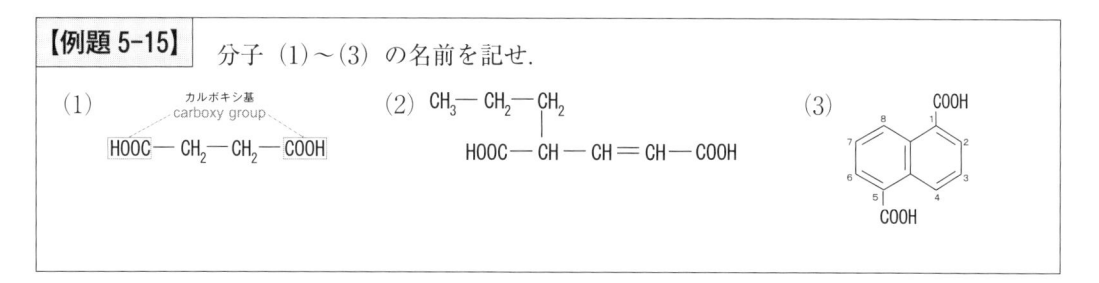

図 5-16　カルボン酸 carboxylic acid の例とそれらの名前

【例題 5-15】　分子 (1)～(3) の名前を記せ.

(1) 　カルボキシ基
carboxy group

HOOC ― CH₂ ― CH₂ ― COOH

(2) CH₃ ― CH₂ ― CH₂

HOOC ― CH ― CH = CH ― COOH

(3)

〈解答〉
(1) ブタンディオイック アシッド
butanedioic acid
(2) プロピル ペンテンディオイック アシッド　　プロピル ペンテ エンディオイック アシッド
4-propyl-2-pentenedioic acid または 4-propyl pent-2- enedioic acid といわれ

る分子である. 母体の炭素には右から順に 1 → 5 の番号が与えられている.
(3) ナフタレンジカルボキシリック アシッド
1,5-naphthalenedicarboxylic acid

　複数の官能基を含む分子の命名の際, 母体と置換基の区別を明確にするために, 官能基の種類
ごとに優先順位が定められている. 表 5-2 に示す. 優先順位が高い官能基を含むものが母体にな
り, ほかの官能基は置換基になる.

表 5-2　官能基の優先順位

優先順位	母体になるとき	置換基になるとき
1	カルボン酸　-oic acid, carboxylic acid	carboxy-
2	アミド　-amid	carbamoyl-
3	アルデヒド　-al	oxo-
4	ケトン　-one	oxo-
5	アルコール　-ol	hydroxy-
6	フェノール　-ol	hydroxy-
7	チオール　-thiol	mercapto-
8	アミン　-amine	amino-
9	アルケン　-ene	
10	アルキン　-yne	
11	アルカン　-ane	

Column | 医薬品の規格基準書「日本薬局方」

　厚生労働省の日本薬局方に関するホームページには次のように記されている．「日本薬局方は，医薬品，医療機器等の品質，有効性及び安全性の確保等に関する法律第41条により，医薬品の性状及び品質の適正を図るため，厚生労働大臣が薬事・食品衛生審議会の意見を聴いて定めた医薬品の規格基準書です．日本薬局方の構成は通則，生薬総則，製剤総則，一般試験法及び医薬品各条からなり，収載医薬品については我が国で繁用されている医薬品が中心となっています．日本薬局方は100年有余の歴史があり，初版は明治19年6月に公布され，今日に至るまで医薬品の開発，試験技術の向上に伴って改訂が重ねられ，現在では，第十七改正日本薬局方が公示されています．」

　掲載されている医薬品を分かりやすく整理すると以下の1～4に分類される．

1. 患者への必要性が高く，実際に医療現場で広く用いられている医薬品
2. 画期的な医薬品で優先的に審査された医薬品
3. 希少疾病用の医薬品など，代替薬がない医薬品
4. 米国や欧州など国際的に広く使用されている医薬品

　ほかの規格集（日本薬局方外医薬品規格，日本薬局方外生薬規格，医薬品添加物規格など）にある品目でも，上記の1～4の方針に合うものは日本薬局方に追加掲載される．一方，医療上の必要性が低くなった収載品目については，適宜，削除される．また，安全性の問題で回収された品目についても，その都度，削除などの適切な措置が講じられる．

　日本薬局方に記載されている医薬品（局方品）は，容器に「日本薬局方」の文字（表示するスペースが小さい場合は「日局」あるいは「J・P」の文字）が記載されている．そのほか，記載するよう定められた事項もあわせて記されている．

第6章

物質の数え方

> **目的**：化学式から分子量（あるいは式量）を計算し，質量〔g〕と物質量〔mol〕の関係を理解する．目的物質の質量や，その物質を構成する粒子（分子，原子，イオン）の数をふまえて，濃度計算もできるようになる．
>
> **要点**：物質を粒子単位で考えれば，個数を意識できる．その物質の最小単位が分子の場合，その分子を構成する原子の種類と個数から，分子量が計算でき，その分子が一定個数だけ集まったときの質量がわかる．単位体積あたり，あるいは単位質量あたりの，目的物質の量（質量か物質量）が濃度である．

6-1 分子量

　ある物質を薬さじや指先で実際に扱う場合，だいたい数 g（グラム）になる．この中には膨大な数の粒子が含まれ，何個あるか考える際は，**アボガドロ数**を単位にして数える．2章で述べたとおり，6.02×10^{23} 個あれば $1.00\,\mathrm{mol}$ である．鉛筆が12本あれば1ダースというのと同じである．

　ここでいう粒子は，原子の場合だけでなく，原子が集まってできている分子や，イオン，あるいは電子の場合もある．どのような種類の粒子について，どの範囲を1個の粒子として数えているかを明確にする必要がある．

　カフェインの性質を示す物質の最小単位はカフェイン分子1個であり，その分子式は $C_8H_{10}N_4O_2$ である．1個の分子を構成する原子は4種類あり，それぞれが複数個あることがわかる（→2章の問題2-1，3章の図3-1）．

【例題 6-1】 カフェイン（$C_8H_{10}N_4O_2$）の分子量を求めなさい.

〈解説〉 カフェイン分子1個の相対質量である. 第2章の問題2-1のように, 構成原子の原子量から計算する. $12.01×8+1.008×10+14.01×4+16.00×2≒194.2$ で, 分子量は 194.2 になる. この分子がアボガドロ数個集まると質量は 194.2 g になる. つまり, カフェイン 1 mol は約194.2 g である.

【問題 6-1】 カフェインが 40 mg（ミリグラム）ある. これは何 mol か？

6-2 式 量

分子のように, 最小単位が複数の原子の集まりで独立して存在しているとは限らない. 例えば, 結晶は化学式で示される元素の比で規則構造が繰り返し続く. この場合, 分子量ではなく**式量**を考える. 化学式に示される原子種とその数を使って分子量と同様の計算を行い, 式量として用いる.

6-3 濃度と密度

全体に対する目的物質の割合を**濃度**という. 液体に溶解し, 目的物質が均一に分散した溶液を想定するケースが多い. 目的物質の量は質量〔g〕か物質量〔mol〕で, 補助単位 m（ミリ）が付いて $×10^{-3}$ で示されることがある. 例えば, 直前の問題 6-1 の 40 mg は $40 × 10^{-3}$ g である. 全体の量は体積 1 L（1 リットル）か, 質量 1 kg（1 キログラム）か, あるいは質量 100 g（100 グラム）の場合が多い.

溶液 1 L あたりに含まれる目的物質の物質量を**モル濃度**〔**mol/L**〕という. 溶液 1.00 L の中に, ある目的物質の粒子が $6.02×10^{23}$（アボガドロ数）個含まれていれば, この物質の濃度は 1.00 mol/L になる. 溶液全体が 100 g で, そこに含まれる目的物質の質量が x〔g〕の場合, 質量パーセント濃度は x％になる.

単位体積あたりの質量を**密度**という. 1 cm³（1 立方センチメートル）あたりの質量を〔g〕の単位で考えることが多い. この場合, 密度の単位は〔g/cm³〕である.

【例題 6-2】 1杯のコーヒー100 g にカフェインが40.0 mg 入っていた.

(1) このコーヒーのカフェイン濃度を質量パーセント濃度で示すと，何%になるか?

(2) カフェインのモル濃度〔mol/L〕を求めよ．ただし，このコーヒーの密度は 1.00 g/cm^3 とする.

〈解説〉

(1) 全体100 g 中に 4.00×10^{-2} g のカフェインが含まれている．0.0400%である.

(2) この液体の密度が 1.00 g/cm^3 なら，質量が100 g だと 100 cm^3 の体積を占めることになる．体積の単位を変換すると，1000 cm^3 が 1.000 L なので，100 cm^3 は 0.100 L になる．例題 6-1 と問題 6-1 より，カフェインの分子量は194.2で，このカフェインが40.0 mg のとき，物質量は $40.0 \times 10^{-3}/194.2$ より 2.06×10^{-4} mol になる．つまり，このコーヒーは全体が 1.00×10^{-1} L で，2.06×10^{-4} mol のカフェインを含んでいる．モル濃度〔mol/L〕は，2.06×10^{-4}／(1.00×10^{-1}) より，2.06×10^{-3} mol/L となる.

【問題 6-2】 例題 6-2 のコーヒー100 g の全量を飲んだ場合を考える．胃腸から血液に吸収（absorption）され，血液を通じてカフェイン分子が体中の臓器に分布（distribution）する．次に，細胞に取り込まれ，反応して変化する．つまり代謝（metabolism）される．やがて，カフェインや変化した代謝物は排泄（excretion）される.

(1) 口から摂取したカフェインがすべて吸収され，そのうち代謝・排出された量が30.0 mg とすると，体内に分布したカフェインは何 mg に相当するか?

(2) それが全身の血液 4.60 L 中に，均一に分布しているとすれば，血液中でのカフェインのモル濃度はどうなるか?

【例題 6-3】 あるソフトドリンクには，350 mL 缶 1 個あたり，カフェイン（$C_8H_{10}N_4O_2$）が 4.5×10^{-3} g（グラム）加えてあるという．この缶 1 個（350 mL）飲んだ場合について，以下の (1)〜(4) に答えなさい．カフェイン（$C_8H_{10}N_4O_2$）の分子量を194.2とする.

(1) 体内に摂取されたカフェインは，胃と小腸で吸収されて，血液中に現れる．まず飲み物が胃に達し，含まれるカフェインの1.0%が胃粘膜から吸収され，血液中に移動した．この段階での血中のカフェインのモル濃度は何 mol/L か．血液の体積は 4.6 L とする.

(2) 次に，飲んだソフトドリンクはやがて小腸に達し，そこで大部分のカフェインが吸収される．仮に，摂取したカフェインすべてが血液中に移動したとすると，血中のカフェイン分子の個数は何個になるか．ただし，血液中のカフェイン分子は，代謝などによって減少していないとする．アボガドロ数は 6.02×10^{23} とする.

(3) 体内の血液は循環しており，全身をめぐる．その結果，血液中のカフェイン分子は多くの細胞に届く．カフェイン分子は，細胞表面の特定部位と結合し，生体作用のスイッチ

のオンオフに影響を与える．カフェインを摂取するとどうなるか．自分自身の体験やこれまでに見聞きした経験から，答えなさい．

(4) 体内を循環する血液は肝臓も通過する．その際，特定の酵素群によってカフェイン分子は別の分子に変わる．つまり，代謝によってカフェイン分子は失われる．上記のソフトドリンクを飲んで3.5時間後に血液中のカフェインの濃度を調べたら2.5×10^{-6} mol/Lだった．体内の代謝で失われたカフェインは何gか．ただし，摂取したカフェインは，いったんすべてが吸収され，血液中に移動したとし，体外にはまだ排出されていないとする．血液の体積は，(1) と同様，4.6 Lとする．

〈解説〉

(1) 摂取したカフェインの全量が4.5×10^{-3} gで，その1.0%は4.5×10^{-5} gである．これが胃粘膜から血液中に移動した．例題6-1で求めたカフェインの分子量194.2を用いて，質量を物質量〔mol〕に変換すると$4.5 \times 10^{-5}/194.2$になる．これが体積4.6 L中にあるのでモル濃度〔mol/L〕は，$(4.5 \times 10^{-5}/194.2)/4.6$より$5.0 \times 10^{-8}$〔mol/L〕になる．有効数字は2桁としている．

(2) カフェイン分子がアボガドロ数 (6.02×10^{23}) 個あると194.2 gになる．摂取したカフェインは4.5×10^{-3} gなので，これに含まれるカフェイン分子の個数は$6.02 \times 10^{23} \times (4.5 \times 10^{-3})/194.2$より$1.4 \times 10^{19}$〔個〕になる．有効数字は2桁とした．

(3) カフェイン分子は，細胞表面のアデノシン受容体を遮断する．その結果，以下のような生理現象が生じる．例：トイレに行きたくなる（血管平滑筋の弛緩作用による血管拡張作用，腎臓を通過する血液の増加，利尿作用）．意識がはっきりする（中枢神経系興奮作用）．頭が冴えて，勉強がはかどる，など．

(4) 血液4.6 L中に2.5×10^{-6} mol/Lの濃度で存在するカフェインの質量は$4.6 \times (2.5 \times 10^{-6}) \times 194.2$より$2.2 \times 10^{-3}$〔g〕である（有効数字は2桁としている）．これを摂取した質量4.5×10^{-3} gから引けばよい．$4.5 \times 10^{-3} - 2.2 \times 10^{-3}$より$2.3 \times 10^{-3}$〔g〕になる．摂取したカフェインは，1時間前後で吸収されて血漿中濃度が最大になり，その後，肝臓の酵素群によって代謝され数時間で半分になるといわれている．

【例題 6-4】 以下の (1)〜(4) の場合，カフェインの薬理効果の持続時間は長くなるか，短くなるか？

(1) 飲み物が冷たく，小腸粘膜の毛細血管の収縮や胃運動の低下が起きている場合

(2) 肝機能に障害がある場合

(3) 高齢のため生理機能が低下している場合

(4) 肝臓の機能が完成する前の胎児や乳児の場合

〈解説〉　カフェインが消化管から血液に取り込まれる様子と，その後，体内に分布している際の濃度が高いか，低いかを考える．

(1) 吸収速度が遅くなるので，カフェインが少しずつ吸収されることになり，効果が長く持続する．

(2) カフェインの代謝が遅れ，血液中でのカフェイン濃度が高く維持されやすくなる．その結果，カフェインの薬理効果の持続時間は長くなる．

(3) カフェインの代謝が遅れ，血液中でのカフェイン濃度が高く維持されやすくなる．カフェインの効果の持続時間が長くなる．

(4) カフェインの代謝が遅れ，血液中でのカフェイン濃度が高く維持されやすくなる．カフェインの効果の持続時間は長くなる．乳児は母親が摂取したカフェインを母乳経由で摂取する可能性がある．

Column　薬の生体内運命（ADME）

　ADME は，薬物が生体で処理される過程を示す略語で，**吸収**（absorption），**分布**（distribution），**代謝**（metabolism），**排泄**（excretion）の英語表記の頭文字である．これら 4 項目は薬物の血中濃度と，細胞と相互作用する時間変化に影響する．したがって，ADME は投与された化学物質の薬としての効果に関係する重要な項目である．

吸収（absorption）：通常，薬物が目的の生体組織で薬の効果を発揮するためには，薬物が体内を循環する液体（血液またはリンパ循環系）に入らなければならない．薬物を口から摂取した場合の吸収は消化器などの粘膜を通して行われる．

分布（distribution）：吸収された薬物は血液循環により生体各部に運搬される．各部での血流速度や血液成分や組織との結合のしやすさで分布に差が生じる．そのほか，薬物の水や脂への溶けやすさや局所的な pH の違いも影響する．

代謝（metabolism）：薬物は体内に入るとすぐに分解し始める．多くの医薬品は肝臓中の酵素により代謝される．代謝により生じた代謝物が，不活性な場合，生体への影響は減少する．

排泄（excretion）：薬物とその代謝物は，通常，糞や尿として生体から排除される．排出が完全でない場合，異物が蓄積して，悪影響を及ぼす可能性がある．腎臓，肝臓，肺などが関わって生体から薬物が排出される．

第7章

原子の混成軌道と分子の形

目的：軌道の考え方を用いて，分子の形をイメージする．

要点：カフェイン分子を構成する炭素には2種類ある．四面体の中心付近にある場合と三角形の中心付近にある場合である．前者は「sp^3混成軌道」をもつ原子であり，後者は「sp^2混成軌道」をもつ．

7-1 炭素原子がつくる形

ダイヤモンドとグラファイト ─────────────●

　炭素原子が規則正しく周期的な配列で並んだ結晶として，ダイヤモンドとグラファイトが知られている．

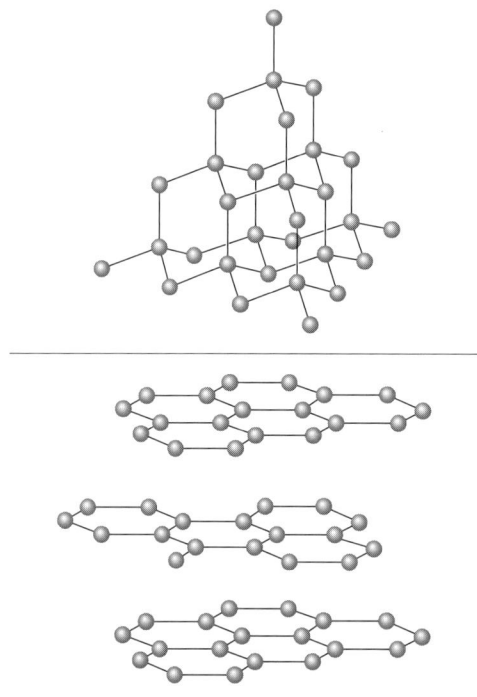

図7-1 ダイヤモンド（上）とグラファイト（下）

　炭素原子1個が，周囲にある複数の炭素原子と，どのように結合して，結晶の形をつくっているかに注目すると，ダイヤモンドとグラファイトの違いがわかりやすい．

【例題7-1】

(1) 炭素原子1個は，その周囲の炭素原子何個と共有結合しているか．ただし，図7-1において，共有結合は実線で示されている．また，図7-1の結晶両方とも外側，周辺の結合は省略されているので，内部の炭素原子に注目すること．

(2) (1) で注目した炭素原子1個に直接共有結合している，周囲の複数の炭素原子はどのような位置にあるか．ダイヤモンドとグラファイト，それぞれの場合について，以下から選びなさい．

四面体の頂点の位置　　　　　　　三角形の頂点の位置

(3) 結晶中の炭素原子の結合角を，ダイヤモンドとグラファイトの場合で比較する．どちらの方が，C-C-C の角度が小さいか．

〈解説〉

(1) ダイヤモンド：4個，グラファイト：3個

(2) ダイヤモンド：四面体の頂点の位置，グラファイト：三角形の頂点の位置

(3) ダイヤモンド中の C–C–C の角度（109.5°）の方が，グラファイト中の C–C–C の角度（120°）よりも小さい．正四面体の中心から頂点に伸ばした線2本がなす角度は 109.5° になる．同様に正三角形の中心から頂点に伸びる線2本は 120° の角度になる．

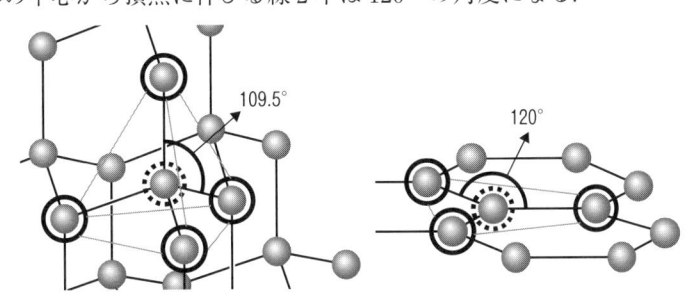

　ダイヤモンド結晶中の炭素原子1個は共有結合を4個もち，その共有電子対4組は4個の「**sp³混成軌道**」にそれぞれ1組ずつあると考える．価電子を収める L 殻を4個の軌道に置き換えて，分子の形と電子配置を結びつけて考える．この4個の sp³ 混成軌道は電子が存在可能な空間として，図7-2左のような形で示される．

　グラファイト結晶中の炭素原子1個は共有結合を3個もち，三方平面の形をつくっている．共有電子対3組が，3個の「**sp² 混成軌道**」にそれぞれ1組ずつあると考える．このとき L 殻は3個の sp² 混成軌道を含む，合計4個の軌道に置き換えて考えている（残り1個の軌道は p 軌道という．この章の後半に説明がある）．この3個の sp² 混成軌道は電子が存在可能な空間として，図7-2右のような形で示される．

4個のsp³混成軌道

3個のsp²混成軌道

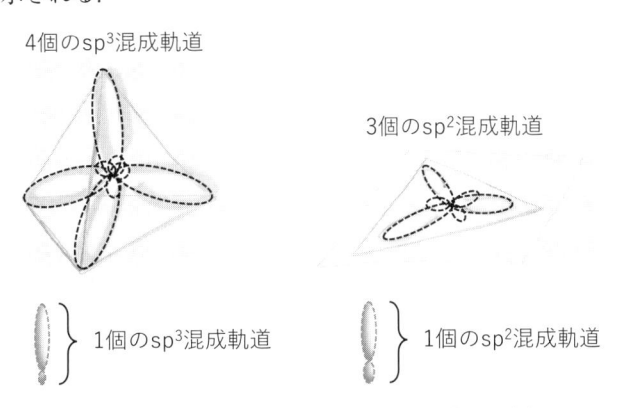

1個のsp³混成軌道　　1個のsp²混成軌道

図7-2　1つの原子が価電子を収める空間2例
左：4個の sp³ 混成軌道は四面体の形を可能にする．
右：3個の sp² 混成軌道は三方平面の形を可能にする．

　1個の軌道に存在できる電子数は0個から2個までの範囲である．sp³混成軌道は4個セットで存在し，図7-2のように配置している．sp²混成軌道も常に3個がセットで存在し，これらの先端を結ぶと三角形の形になるような位置になっている．

7-2 # カフェイン分子の形

2種類の炭素原子 ─────────────────────────●

　図7-3はカフェイン分子である．向きを変えて示した．炭素原子はグレーの球で表現されている．この分子1個の中には2種類の炭素原子がある．1つは**sp³混成軌道**をもつ炭素である．4個の原子と結合している．その4個の原子を結ぶと四面体になる．2つ目は**sp²混成軌道**をもつ炭素である．この炭素原子は3個の原子と結合し，これらを結ぶとできる三角形の同一面内の中心付近に位置する．

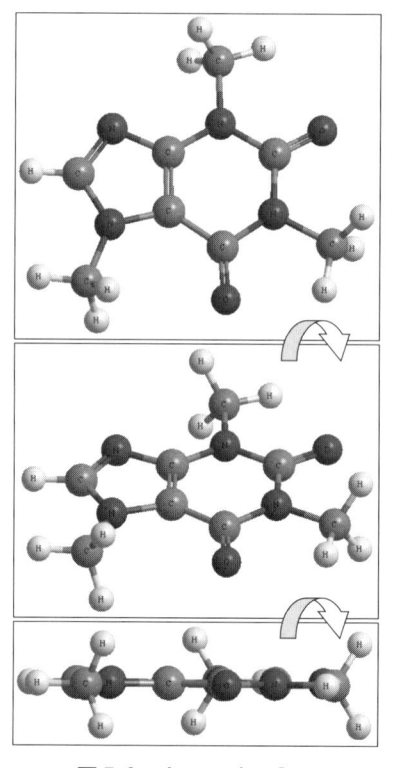

図7-3　カフェイン分子

【例題 7-2】　図 7-3 のカフェイン分子に，4 個の原子と結合する炭素周辺に四面体を，3 個の原子と結合する炭素周辺に三角形を記せ．その際，四面体か三角形どちらの場合でも，中心付近に炭素原子がくるようにし，それと結合している複数の原子の中心が四面体，三角形それぞれの頂点にくるようにせよ．

〈解答例〉

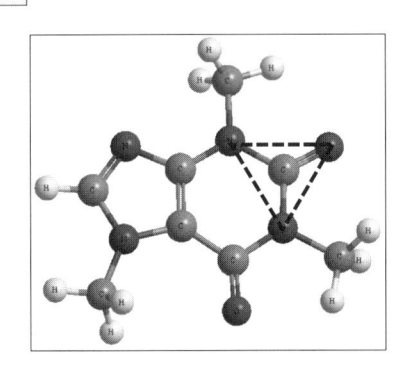 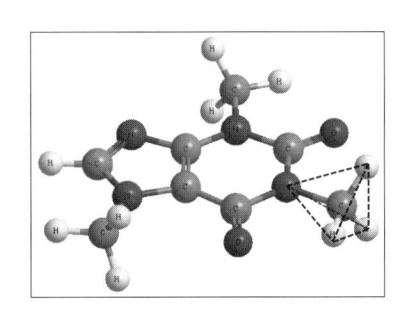

　3 個の原子と結合する炭素原子は，1 個のカフェイン分子に 5 個見出せる．4 個の原子と結合する炭素原子は 3 個ある．上記はそれぞれの 1 つの例である．1 個のカフェイン分子を構成する炭素原子 8 個には，2 種類あることがわかる．

【問題 7-1】　1 個のカフェイン分子内には，例題 7-2 の解答例を含めて，sp^3 混成軌道をもつ炭素はいくつあるか．また，sp^2 混成軌道をもつ炭素はいくつか．それぞれ答えなさい．

7-3 軌道について

7-3-1 結合の方向と電子が存在可能な空間 ●

　原子どうしの結合には電子が介在している．電子が存在できる空間に特定の形があるから，結合できる方向が決まり，分子は特定の形をとる．原子周辺で電子が存在可能な空間を「**軌道**」という．

【例題 7-3】　第 3 章の図 3-1 のカフェイン分子の構造式について，sp^3 混成軌道をもつ炭素すべてを四角で囲みなさい．また，sp^2 混成軌道をもつ炭素が存在する場所すべてを三角で囲みなさい．

〈解答〉

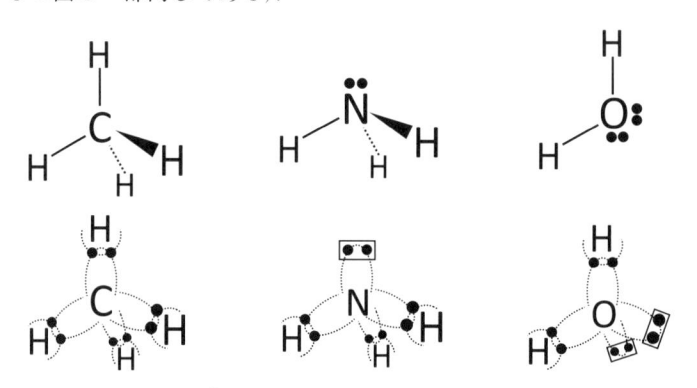

　炭素原子8個が2種類に分類された．結合が伸びる方向に違いがあり，軌道の種類で区別される．軌道は電子が存在できる空間を示し，ほかの原子と結合する際に共有する電子対が存在する場所と対応する．

7-3-2　窒素 N と酸素 O の sp³ 混成軌道と sp² 混成軌道 ──────────●

　炭素 C 以外の場合も同じように考えることができる．窒素 N，酸素 O ともに，周囲の原子との結合に参加する電子（→価電子）を収める空間として，L 殻の代わりに sp³ 混成軌道や sp² 混成軌道を考えることができる．まず，sp³ 混成軌道をもつ炭素，窒素，酸素の例を図7-4 に示す（この図は3章図3-3の図と一部同じである）．

図 7-4　sp³ 混成軌道をもつ炭素，窒素，酸素の例

左：メタン分子中の炭素原子は共有電子対4組を4個の sp³ 混成軌道にもつ．
中：アンモニア分子中の窒素原子も sp³ 混成軌道4個もち，これらで共有電子対3組＋非共有電子対1組を収めている．
右：水分子中の酸素原子も sp³ 混成軌道4個もち，これらで共有電子対2組＋非共有電子対2組を収めている．

　L殻の代わりに4個の軌道を考えることで，結合に関わる電子がどのような形の空間に存在しているか説明できる．図7-4の炭素原子，窒素原子，酸素原子において，それぞれのL殻の代わりになる4個の軌道はsp^3混成軌道である．結合の相手の水素原子では，価電子を収容するK殻の代わりに球状の軌道1個，「**s軌道**」を考えている．図7-4では，すべての結合が，中心原子（炭素か窒素か酸素）と周囲の水素原子との共有結合で，電子対がsp^3混成軌道とs軌道で共有されている．

　図7-4の中央の分子のように，アンモニア分子の三角錐の形は四面体の一部である．同様に，図7-4の右に示された水分子の折れ線形の構造も四面体の一部である．これらの分子は，中心原子の最外殻に電子対を4組もち，それらは共有電子対か非共有電子対である．これらの電子対がsp^3混成軌道にあることから，ほかの複数の原子と共有結合する場合，結合角が109°に近い角度になることがわかる（非共有電子対がある場合，マイナス電荷の電子どうしの反発の影響を受け，結合角は多少小さくなる）．

　カフェイン分子中の窒素原子（N）と酸素原子（O）は，sp^2混成軌道を3個もつ．これらは共有電子対だけでなく，非共有電子対も収めている．以下の例題で確認してみよう．

【例題 7-4】　カフェイン分子にはsp^2混成軌道をもつ窒素原子がある．炭素原子の場合と同様，sp^2混成軌道に特有な電子が存在できる空間をもつ．その結果，120°に近い結合角で結合をつくっている．3章の図3-1と同様な構造式を記し，そこにsp^2混成軌道をもつ窒素原子を三角で囲みなさい．

〈解答〉

56

【例題 7-5】 カフェイン分子中の sp² 混成軌道をもつ窒素原子について考える．1個の窒素原子に3個セットである sp² 混成軌道のうち，3個すべてが共有結合に参加していない窒素原子が存在する．この窒素原子の3個の sp² 混成軌道それぞれにある電子対3組のうち，共有電子対は2組だけである．この窒素原子はどれか．また，その共有結合に参加していない電子対は何と呼ばれるか．

〈解答〉 3個の原子と結合せず，2個の原子としか結合していない窒素原子を探せばよい．最外殻にある電子の対で，共有結合に参加していないものは，孤立電子対，あるいは非共有電子対といわれる．

　原子の種類ごとに結合の数を機械的に暗記すると，炭素4個，窒素3個，酸素2個となるかもしれない．これは電子の数が増減しない場合の結合の最大数に過ぎない．イオンになれば結合の数が増える場合がある（例：アンモニウムイオン NH_4^+）．中心原子の最外殻にある電子数が8より少ない場合は，結合の数が少なくなる（例：カルボカチオン CH_3^+）．今後は，電子の数は何個で，どの軌道にあるかを理解することが大切である．

【問題 7-2】 カフェイン分子1個の中にある酸素原子2個はともに，図7-2右のように，sp² 混成軌道を3個セットでもつ．非共有電子対（孤立電子対）を収める sp² 混成軌道は何個か．それぞれの酸素原子について答えよ．
ヒント： ＞C＝O はカルボニル基といわれる．この電子配置は次のようなイメージである（この後に説明がある図7-7下，例題7-7の図に似ている）．

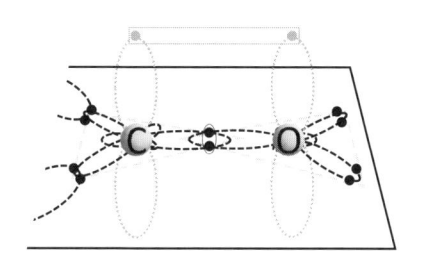

7-4　p 軌道について

　周期表において，炭素 C，窒素 N，酸素 O は第 2 周期にある（→ 2 章の図 2-1）．そこに示される原子は最外殻電子を 1〜8 個もつ．高校の教科書では L 殻に電子が 8 個まで入ると教えている（→ 2 章の図 2-1 の電子配置図）．1 個の軌道には電子が 0〜2 個入る．最外殻電子を収める空間として，軌道 4 個を L 殻の代わりに考えていく．合計 8 個までの電子がどこにあるか，より詳しくわかるようになる．

　sp^2 混成軌道がある場合，3 個セットで存在すると述べた．それらと併せて，追加で「**p 軌道**」が 1 個存在している．合計 4 個の軌道が L 殻の代わりになる．sp^2 混成軌道 3 個＋p 軌道 1 個は，価電子が存在可能な空間として，以下のように存在する．

3 個のsp^2混成軌道+1 個のp軌道

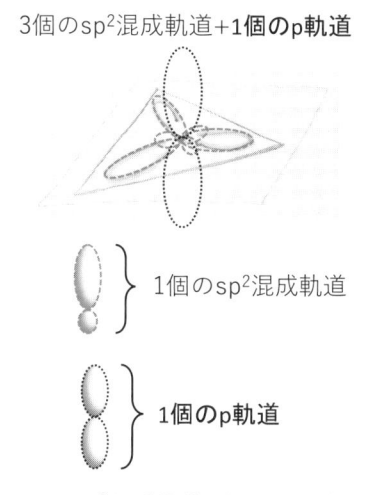

} 1 個のsp^2混成軌道

} 1 個のp軌道

図 7-5　sp^2 混成軌道 3 個と p 軌道 1 個

　3 個の sp^2 混成軌道（の軸）からなる平面に対して，**垂直方向**にのびる空間にも電子が存在可能で，これを p 軌道と呼ぶ（第 2 周期の原子が最外殻電子を収める L 殻は，第 1 周期の原子が最外殻電子を収める K 殻から数えて，2 番目である．そのため，**2p 軌道**とも呼ばれる．この整数は主量子数といわれる）．

　エチレン分子（C_2H_4）の形を，電子が存在できる空間（軌道）から考えよう．図7-6のように，エチレン分子1個は炭素原子2個と水素原子4個からなり，炭素原子1個は3個の原子（2個の水素原子と1個の炭素原子）と結合している．この分子を構成するすべての原子（の中心）が同一平面内にあり，このような形の分子を平面分子という．分子内の結合角はすべて120°に近い角度である．この形は，2個の炭素原子がともにsp^2混成軌道の3個セットをもち，これらの軌道で電子対を共有してほかの原子と結合していることで説明できる．

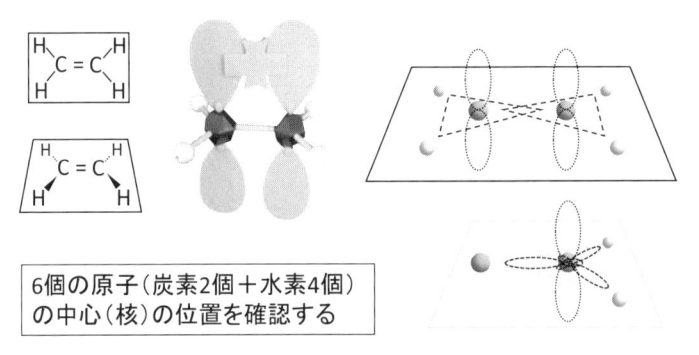

6個の原子（炭素2個＋水素4個）
の中心（核）の位置を確認する

図7-6　エチレン分子の構造（左）と三方平面形をつくるsp^2混成軌道3個（右下）

　エチレン分子の構造式をみると，2個の炭素間で結合が2つあることがわかる．これは二重結合といわれる．これまでと同じように，結合は電子対の共有であると考えると，電子対2組（2×2＝4個の電子）が共有されていることがわかる．これらの電子がどこにあるか，つまりどの軌道に存在しているのかわかれば，二重結合の2つの結合の違い（結合の強さや安定性・反応性）が理解できる．

　図7-7に，炭素間の二重結合に参加している電子の対2組が□と○それぞれに囲まれて示されている．結合の両端の原子それぞれが，ともにsp^2混成軌道で電子対を共有している結合と，結合両端の炭素原子それぞれが，ともに**p軌道**で離れている電子2個を共有している結合，2種類の結合があることがわかる．前者を**σ（シグマ）結合**，後者を**π（パイ）結合**という．σ結合では，結合両端の原子の中心を結んだ線，結合の軸上に電子対が見出され，比較的強く安定な結合である．一方，π結合をつくるp軌道にある合計2個の電子は，分子平面の平面外，上下にせり出す空間に見出される．π結合はσ結合に比べ弱い結合である．

　エチレン分子は，π結合1本とσ結合5本より成り立っている．

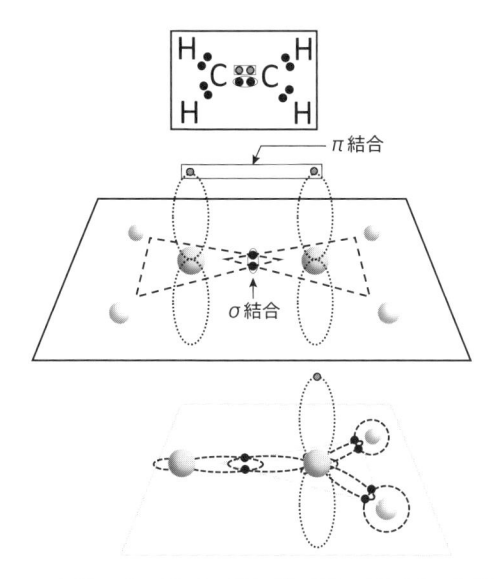

図 7-7 エチレン分子の点電子式，電子配置と構成原子が価電子を軌道に収めている様子

【例題 7-6】

(1) エチレン分子 1 個には何個の電子が含まれているか？

(2) (1) の電子のうち価電子は何個か？

(3) エチレン分子の点電子式（図 7-7 上）をみて，(2) の電子数と点の数が一致するか確認しなさい．

(4) エチレン分子内の価電子がどのような形の空間に存在するか，つまりどの軌道にあるか，記しなさい．

〈解説〉

(1) エチレンは，6 個の陽子をもつ炭素が 2 個，1 個の陽子をもつ水素が 4 個合計 6 個の原子からなる．プラスの電荷をもつ陽子が合計 16 個（$6 \times 2 + 1 \times 4$）あることがわかる．分子全体で電荷はゼロなのでマイナスの電荷をもつ電子の数が陽子の数と同じであることがわかる．電子の数は 16 個である．

(2) 1 個の炭素原子の内殻，K 殻には電子が 2 個収まっている．2 個の炭素原子で合計 4 個の内殻電子があり，これらを除くと，$16 - 2 \times 2 = 12$ 個の電子が価電子になる．これらが結合に関与している．

(3) 図 7-7 上にあるエチレン分子の点電子式をみると 12 個の電子が点で示されている．
点電子式に示される電子の点は，価電子の数と一致しており，12 個の点が見出される．

(4) まず，水素の s 軌道（K 殻）と炭素の sp^2 混成軌道で共有される電子対 4 組（8 個）がある．次に，炭素と炭素の σ 結合 1 個を形成している電子対 1 組は，結合両端の炭素それぞれの

sp^2 混成軌道 2 個で共有されている．炭素と炭素の π 結合 1 個を形成している電子 2 個は，結合両端の炭素それぞれの p 軌道にそれぞれ 1 個ずつあると考え，これら合計 2 個の電子がゆるい対として共有されているとみなす．

【例題 7-7】 カフェイン分子中の二重結合に参加している原子は，sp^2 混成軌道と p 軌道の両方をもち，2 種類の結合を同時に可能にしている．これらのうち，電子対を sp^2 混成軌道どうしで共有してできている結合を何というか．もう一方，p 軌道 2 個で電子 2 個をゆるく共有してできている結合は何と呼ばれるか．

〈解答〉 前者は，共有電子対が，結合する 2 原子を結ぶ軸上にあり，「σ（シグマ）結合」といわれる．後者の場合，隣接する原子それぞれに 1 個の電子をもつ p 軌道があり，2 個の p 軌道の軸が平行に並んでいる（分子平面には垂直である）．その結果，合計 2 個の電子が隣接する p 軌道で共有され「π（パイ）結合」となる．この結合力は σ 結合よりも弱い．カフェイン分子中の C=C 部分の電子配置イメージを下に示す．

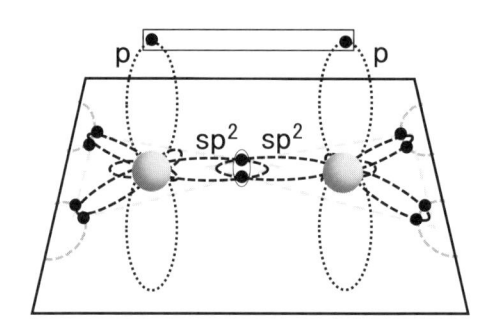

カフェイン分子 1 個の中にある窒素原子 4 個のうち，3 個は単結合のみである．この 3 個の窒素原子はそれぞれ，共有電子対を収める sp^2 混成軌道 3 個と電子 2 個を収める p 軌道 1 個をもつ．五角形と六角形がつながった環構造を形成する原子はすべて（sp^2 混成軌道 3 個とあわせて）p 軌道（1 個）をもつ．そこにある電子は π 電子といわれ，環構造の安定性に関わっている（→9章）．

Column　混成軌道の名前の由来

　量子論によって素粒子が整理されている．素粒子の一種，電子についても，電子が存在可能な空間と，その空間に存在するときの電子のエネルギーの値がセットでわかるようになっている．**混成軌道**は，その名前にあるように，**s 軌道**と **p 軌道**が混ざってできた軌道である．s 軌道は球状で，p 軌道は鉄アレイのような 8 の字の形をしている．混成軌道の名前にある数は，どの軌道がいくつ混ざっているかを示している．**sp^3 混成軌道**は，s 軌道 1 個と p 軌道 3 個，合計 4 個の軌道が平均化されて同じ形の軌道 4 個になって存在している．1 個の場合，1 は省略されている．同様に，**sp^2 混成軌道**は s 軌道 1 個と p 軌道 2 個，合計 3 個の軌道が平均化されて同じ形の軌道 3 個になって存在している．

第8章

sp³ 混成軌道がつくる形

目的：四面体構造を可能にする sp³ 混成軌道をもつ炭素，窒素，酸素からなる分子の形を立体的にイメージする．

要点：電子対が共有されてできる結合において，両端の原子それぞれが sp³ 混成軌道で電子対を共有する場合，その結合の軸は回転しやすい．その結果，立体配座の違い（安定なねじれ形と不安定な重なり形）が生じる．シクロヘキサンは sp³ 混成軌道をもつ原子 6 個が環状になってつながっている構造である．これと似た形は環状のグルコース分子や，ダイヤモンド結晶中にも見出される．

8-1 共通する形

ダイヤモンド（炭素）と石英（二酸化ケイ素）と氷（水）────●

炭素からなる**ダイヤモンド**，二酸化ケイ素からなる**石英**，酸素原子と水素原子からなる**水分子**が結晶化した**氷**，これらの結晶中で原子は周期的，規則的に並び，形をつくっている．どのような形か確認してみよう．

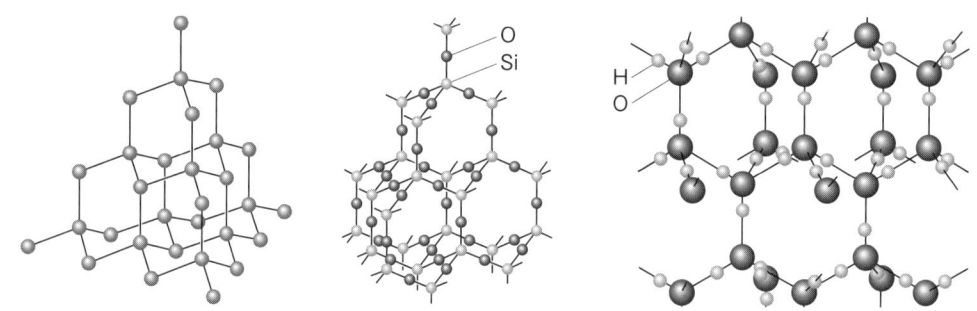

図8-1　ダイヤモンド（炭素）と石英（二酸化ケイ素）と氷（水）の結晶構造

石英の結晶には構造が微妙に異なる複数のタイプがあり，ここに示した結晶はクリストバライトといわれる．

　図8-1の原子配列に，四面体を見出すことができる．その中心にある原子はダイヤモンドでは炭素，石英ではケイ素，氷では酸素である．これらの原子は価電子を似た形の空間に収容できるので，その形の方向でほかの原子と電子対が共有可能になる（共有結合をつくる場合がほとんどだが，氷の結晶中の酸素原子は，共有結合とあわせて，水素結合もつくっている）．その結果，**四面体構造**ができている．四面体の中心にある原子はどのような形の空間に電子を収めているのだろうか．

8-2 ｜ sp³ 混成軌道

8-2-1　メタン，アンモニア，水の分子模型

　メタン CH_4，アンモニア NH_3，水 H_2O の形を分子模型で図8-2に示す．それぞれの中心原子，炭素 C，窒素 N，酸素 O はそれぞれ **sp³ 混成軌道** を4個もち，そこに電子対を収容している（→前章の図7-4にある通りである）．その結果，中心原子が価電子を収める空間をみると，**四面体の形**になっている．メタンの場合，正四面体の重心に炭素原子があり，4つの頂点にそれぞれ水素原子が配置される．アンモニアについて，窒素原子1個と水素原子3個のみを見ると三角錐形だが，孤立電子対（非共有電子対）が存在する空間もあわせて眺めると四面体構造に見える．水分子を構成する3個の原子の折れ線形の構造も四面体構造の一部であることがわかる．

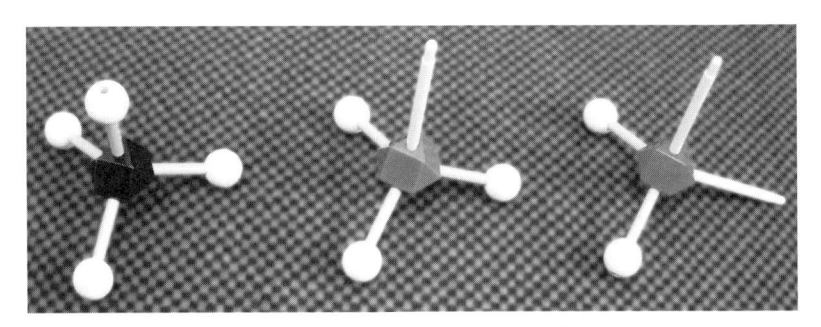

図 8-2　メタン, アンモニア, 水の分子模型

8-2-2　エタン分子の形と立体配座

　エタン C_2H_6 の構造式, 分子模型, 破線-くさび形表記（→ 3 章コラム）を図 8-3 に示す. 分子模型は炭素原子 2 個と水素原子 4 個, これら構成原子それぞれの中心位置を示している. あわせて, 価電子が存在可能な空間を軌道で表現した図も図 8-4 に示す. 2 個の炭素原子がともに sp³ 混成軌道を 4 個もち, 共有電子対を 4 組収容して, 4 個の原子と結合している. 水素原子は s 軌道で電子対を共有している. エタン分子 1 個には炭素と炭素の結合が 1 個, 炭素と水素の結合が 6 個ある. これらの結合は σ 結合といわれる. 結合の両端にある原子 2 個の中心を結ぶ線上に共有電子対がある.

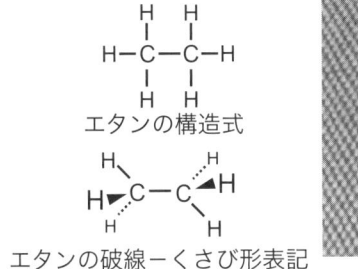

エタンの構造式

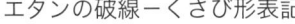

エタンの破線−くさび形表記

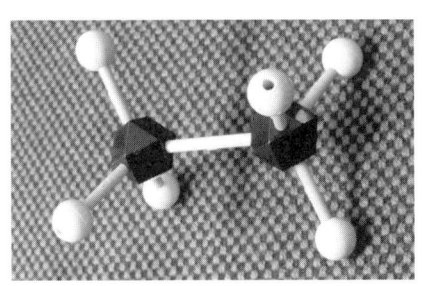

エタンの分子模型

図 8-3　エタンの構造式, 構造を分子模型, 破線-くさび形表記

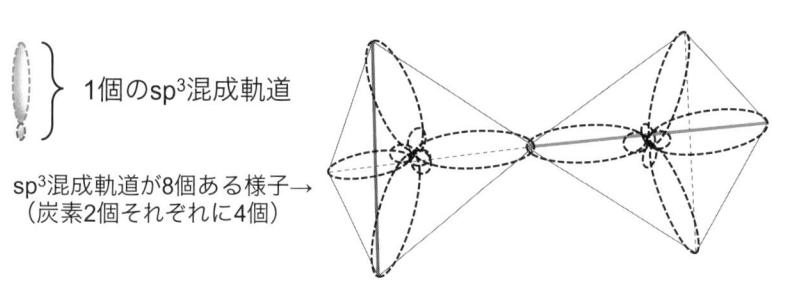

1個のsp³混成軌道

sp³混成軌道が8個ある様子→
（炭素2個それぞれに4個）

エタンの炭素原子2個が価電子を収める軌道8個

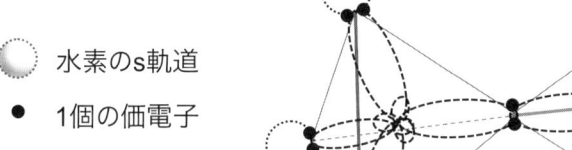
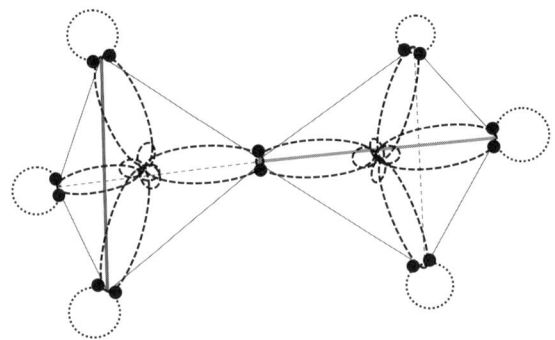

水素のs軌道

1個の価電子

電子対が2つの軌道間で
共有されている様子→

エタンの結合7個を形成する共有電子対7組

図 8-4　エタンの価電子の配置とそれらを収容している軌道

　炭素と炭素の σ 結合に使われている共有電子対 1 組（2 個の価電子）は結合両端それぞれの炭素の sp³ 混成軌道で共有されている．その 2 個の sp³ 混成軌道の軸は，炭素と炭素の結合の軸（2個の炭素原子の中心を結んだ線）と重なる．この軸を中心に回転しても，共有結合している両 sp³ 混成軌道の形は変わらない．このため，軸回転が容易に起こる．

　エタンの炭素-炭素結合を軸回転させると立体配座の異なるエタンが生じる．つまり，図 8-5で示されるような形の異なるエタンになる．左が**ねじれ形**，右が**重なり形**という．

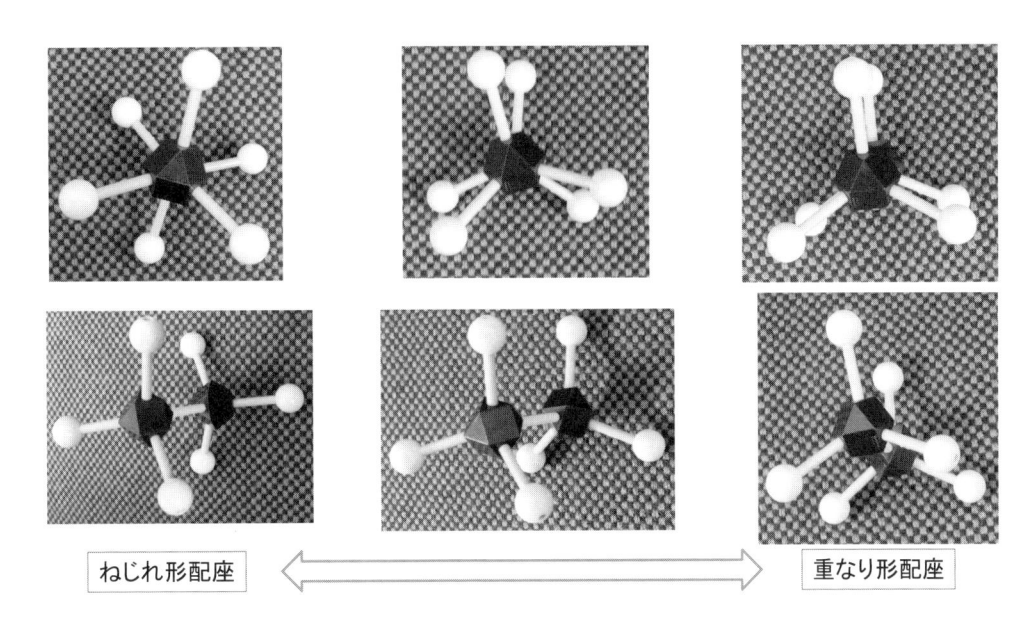

ねじれ形配座　⟷　重なり形配座

図8-5　エタンの立体配座
左：ねじれ形（安定），中：中間の構造，右：重なり形（不安定）

　立体配座を表現するのに**ニューマン（Newman）投影式**がよく用いられる．回転する結合軸の延長上に視点を置くと，結合する両端の原子の1つが手前に，奥側にもう1つの原子がくる．それぞれを中心点と円で示し，ほかの結合を外側にのばして示す．

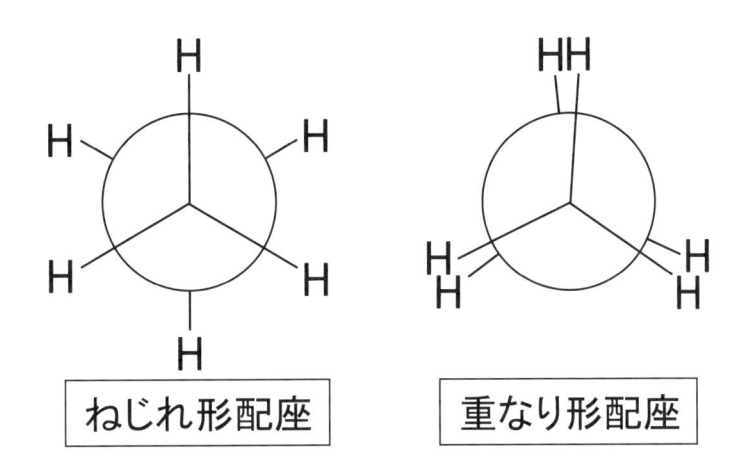

図8-6　ニューマン投影式
（ねじれ形のエタンと重なり形のエタン）

8-2-3　シクロヘキサンの安定構造 ●

　6個の炭素が環状につながっている**シクロヘキサン**C_6H_{12}分子の安定な形を考えよう（不安定

な構造についてはここでは取り上げない). 6個の原子からなる環を六員環といい, シクロヘキサンの場合, 炭素原子1個に注目すると, この炭素原子は2個の炭素原子と2個の水素原子, 合計4個の原子と結合している. こうした炭素原子6個すべてが, それぞれ sp^3 混成軌道を4個もつ. シクロヘキサンが安定なときはすべての炭素-炭素間の単結合間でねじれ形の立体配座になり, **いす形のシクロヘキサン**になっている. この分子模型といす形であることがわかる構造式を図8-7に示す.

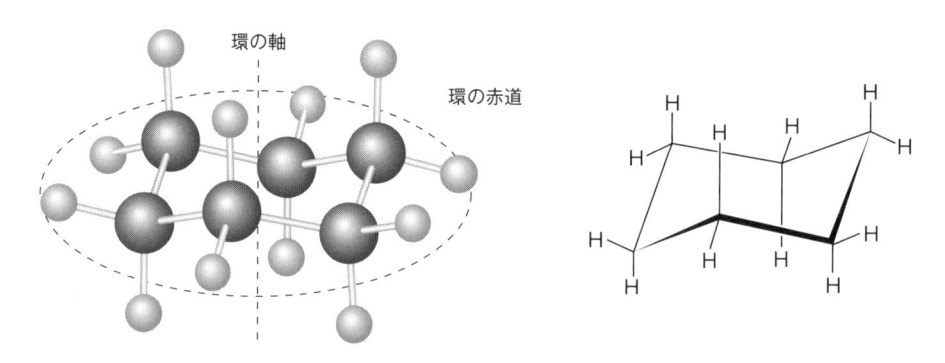

図8-7　シクロヘキサンの分子模型（左）といす形の構造式（右）

　図8-7左の分子模型に示す縦の線は, 六員環の中心を通り, 上下方向にのびる分子の対称軸（環の軸）である. この軸に平行な結合を**アキシアル結合**という. 一方, 図8-7左の分子模型において, 点線のだ円に向かう方向, 環の赤道方向（ななめ横方向）に伸びる結合を**エクアトリアル結合**という.

【例題8-1】　安定ないす形のシクロヘキサン分子1個について, 以下の問いに答えなさい.

(1) 炭素と水素の結合は全部でいくつあるか？

(2) 炭素と炭素の結合は全部でいくつあるか？

(3) アキシアル結合はいくつあるか？

(4) 炭素-水素間のエクアトリアル結合はいくつあるか？

(5) 炭素-炭素間の結合はエクアトリアル結合か, それともアキシアル結合か？

〈解説〉　(1) 12個, (2) 6個, (3) 6個, (4) 6個, (5) エクアトリアル結合

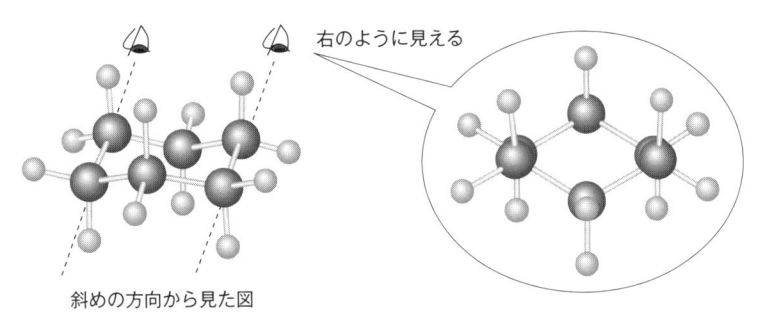

図8-8　いす形シクロヘキサンの一部の立体配座

図8-8左のように，図中の目のマークからの視点で分子模型を見ると，図8-8右のように，ねじれ形であることがわかる．

【例題8-2】　以下のいす形シクロヘキサンにおいて以下の問いに答えなさい．

(1) だ円の印をつけた結合と平行な結合をすべて見つけ，実線のだ円で示しなさい．

(2) □で囲んだ水素原子どうしと△で囲んだ水素原子どうしで，どちらの方が距離が近いか？

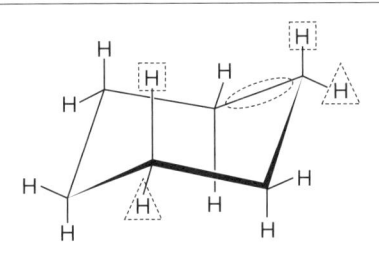

〈解説〉

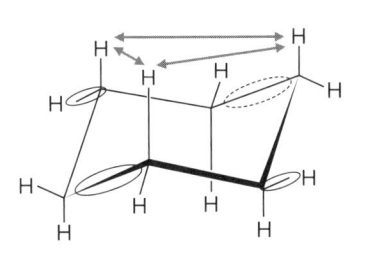

　□で囲んだ水素原子どうしの方が，△で囲んだ水素原子どうしの距離より近い．アキシアル結合している水素で，同じ側（上か下）を向いている原子どうしは距離が近くなる．水素よりも大きな原子（あるいは原子団）がアキシアル結合していると，同じ側でアキシアル結合しているほかの原子と距離が近くなり，干渉し反発が生じる．その結果，エネルギーが高くなり，不安定になる．

アキシアル結合している水素をアキシアル水素という．エクアトリアル結合している水素をエクアトリアル水素という．シクロヘキサン分子は C–C 結合が軸回転して別のいす形構造に変化できる．この結果，アキシアル水素とエクアトリアル水素が入れ替わる．これを**環反転**という．

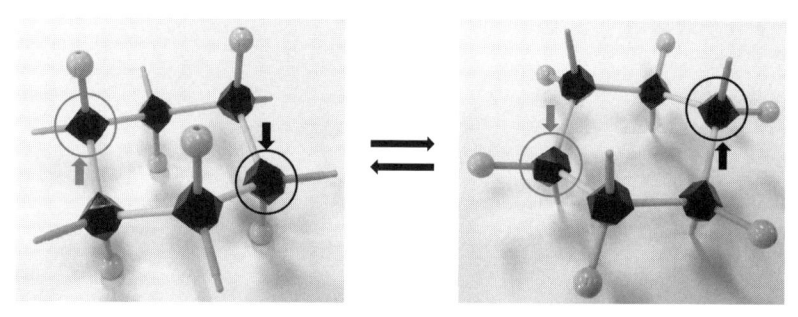

図 8-9　シクロヘキサンの環反転

図 8-10　環反転での C–C 結合軸の回転
環反転にともない C–C 結合の軸が回転している様子がわかる．

【例題 8-3】　シクロヘキサンの水素原子 1 個がメチル基–CH_3 に置き換わったメチルシクロヘキサン（いす形）2 種類を左右に並べて示す．

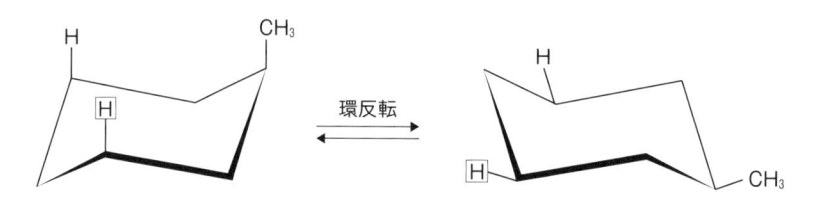

環反転

(1) メチル基と，それに直接結合する六員環の炭素との結合はアキシアル結合か，エクアトリアル結合か，左右それぞれのシクロヘキサンについて答えなさい.

(2) 左右2種類のメチルシクロヘキサンは，環反転で相互に変換する．この際，六員環の炭素–炭素結合の軸が回転する角度は何度か？図8-10の炭素–炭素結合軸上から眺めた様子を参考に考えなさい.

(3) 左右2種類それぞれのメチルシクロヘキサンの場合について，メチル基と□で囲んだ水素原子との距離が近いのはどちらか.

(4) 原子どうしが近づくと（それぞれの原子核の外側にあるマイナス電荷をもつ電子が近づくため）反発して，エネルギーが高くなり，不安定になる．不安定なメチルシクロヘキサンはメチル基が六員環の炭素とアキシアル結合している方か，それともエクアトリアル結合している方か？

〈解説〉

(1) 左：アキシアル結合，右：エクアトリアル結合

(2) 120°（→分子模型を利用するとわかりやすい）

(3) 左

(4) メチル基がアキシアル結合している方．不安定になる要因は立体障害といわれる.

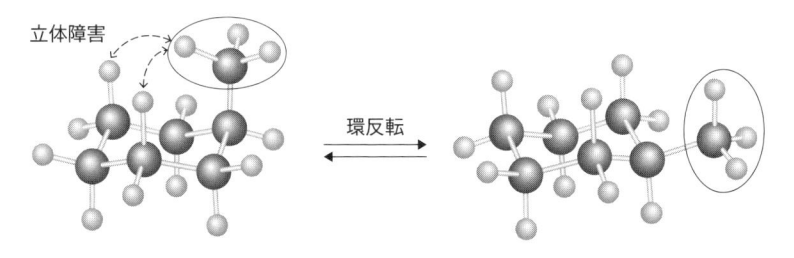

8-2-4　グルコース分子の環状構造 ●

　シクロヘキサンと似た形をもつ生体分子の1つにグルコースがある．**グルコース**の安定な環状構造の1つに**β-ᴅ-グルコピラノース**があり，その構造を図8-11に示す.

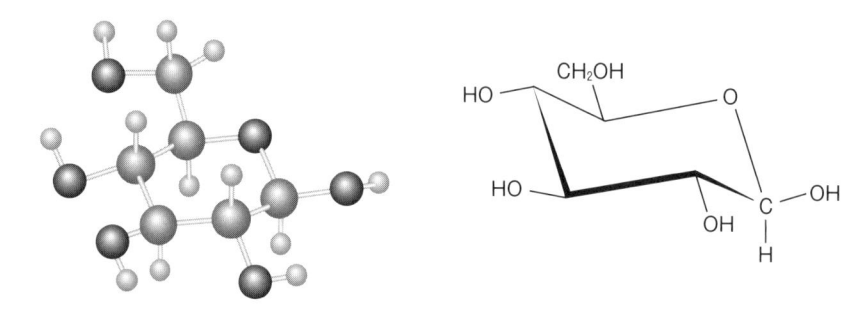

図 8-11 *β*-ᴅ-グルコピラノース

六員環の構成原子が炭素原子 5 個と酸素原子 1 個である．これら原子 6 個からなる環の形がいす形シクロヘキサンの場合と似ている．水素 5 個がアキシアル結合している一方，4 個の -OH と 1 個の -CH₂OH が**エクアトリアル結合**している．大きい原子団が**アキシアル結合**するとほかの原子や原子団と距離が近くなり反発しあう（立体障害が強く生じる）ため，水素のように小さい基がアキシアル結合して安定になっている．

もう 1 つの環状グルコース，*α*-ᴅ-グルコピラノースの構造を図 8-12 の左に示す．1 つの -OH のみ，アキシアル結合かエクアトリアル結合かが異なっている．

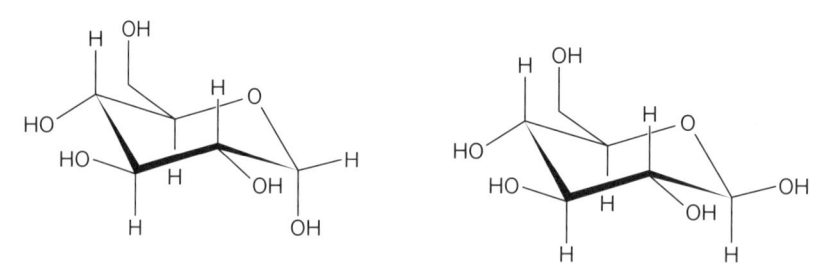

図 8-12 *α*-ᴅ-グルコピラノース（左）と *β*-ᴅ-グルコピラノース（右）の**構造式**

これら 2 種類の環状グルコースは，図 8-13 のように，単純化した**ハース投影式**でも区別して表現できる．アキシアル結合とエクアトリアル結合は区別できていないが，六員環の上側に結合（斜め上を向くエクアトリアル結合を含む）しているか，下側を向いて結合（斜め下を向くエクアトリアル結合を含む）しているか，わかりやすい．

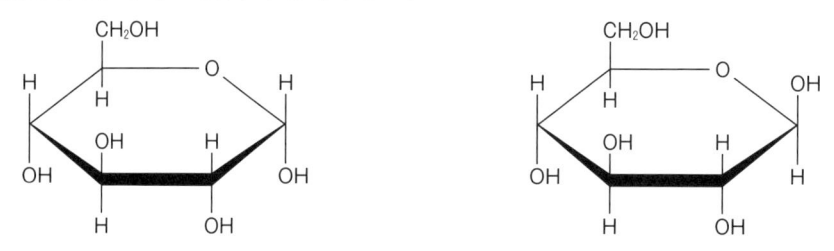

図 8-13 *α*-ᴅ-グルコピラノース（左）と *β*-ᴅ-グルコピラノース（右）のハース投影式

【例題 8-4】　六員環に結合する原子団どうしの位置関係について，上下で同じ側に結合する場合をシス（-*cis*），逆側にある場合をトランス（-*trans*）という．図 8-12 と図 8-13 の左右に示される 2 種類の環状グルコースで異なる位置にある –OH について，別の原子団 –CH₂OH との位置関係を（1）α-D-グルコピラノースの場合と（2）β-D-グルコピラノースの場合，それぞれについて答えなさい．

〈解説〉　（1）トランス（-*trans*）　（2）シス（-*cis*）

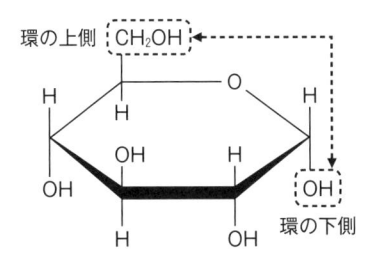
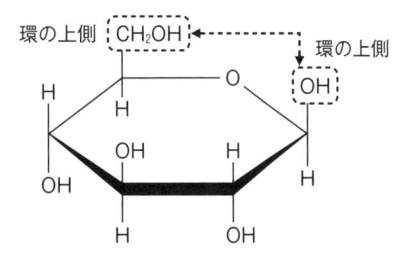

分子のちょっとした形の違いが生命現象への理解には重要である

Column

　環状のグルコース 2 種類，α-D-グルコピラノースと β-D-グルコピラノースは，鎖状構造を経てお互いに変化する．平衡状態では α-D-グルコピラノースよりも β-D-グルコピラノースがやや多い．前者よりも後者の方がやや安定なためである．α-D-グルコピラノースでは –OH が 1 つだけアキシアル結合しているが，β-D-グルコピラノースはすべての –OH がエクアトリアル結合している．その分，安定性に差が生じている．

　両者の分子構造の違いは微妙にみえるかもしれないが，ヒトが生きいくうえでとても重要な違いである．両分子の構造に違いを与える –OH 基が結合に使われて，同じ種類の環状グルコースどうしが連続してたくさんつながった物質がある．α-D-グルコピラノースからはアミロース，β-D-グルコピラノースからはセルロースという構造（を含む物質）ができる．

　アミロースはヒトの主食に大量に含まれるデンプン内に見出される．セルロースは植物の堅い部分（草や葉）をつくっている．ヒトはアミロースをグルコースに分解する酵素をもつが，この酵素はセルロースをグルコースに分解できない．ヒトは穀物を美味しく食べて消化できるが，草や葉（の堅い部分）は消化できない．特定の酵素が，微妙な分子構造の違いを認識して，特定の結合のみを切る働きをしている．その結果，生命現象が成り立っていることがわかる．

第9章

p 軌道が並ぶ構造とその性質

> **目的**：複数の原子が結合し，平面構造が形成される際，p 軌道が連続して並ぶ様子も重ねて
> イメージする．その p 軌道にある電子の様子から，分子や物質の性質を理解する．
>
> **要点**：sp² 混成軌道（3 個）と p 軌道（1 個）をもつ原子がつながると，約 120° の結合角が連
> 続する構造ができる．構成原子の中心（核）は同一平面上にあり，各原子の p 軌道の
> 軸は，その平面に垂直になる．p 軌道どうしはその軸を平行にして平面上で並ぶ．p
> 軌道に収容されている電子が，連続する複数の p 軌道間で移動できる様子（電子の非
> 局在化）もあわせてイメージする．

9-1 p 軌道

　7 章図 7-1 で示したグラファイトの結晶構造を図 9-1 に再び示す．ダイヤモンドと異なり，グ
ラファイトが電気伝導性を示すのは，**p 軌道**が連続して並び，その p 軌道の空間が重なり，p 軌
道に収容されている電子が，複数の原子にまたがる広い空間を移動できるためである．これを電
子の**非局在化**という．ダイヤモンドは透明である一方，グラファイトが黒いのは，その非局在化
した電子の性質による．

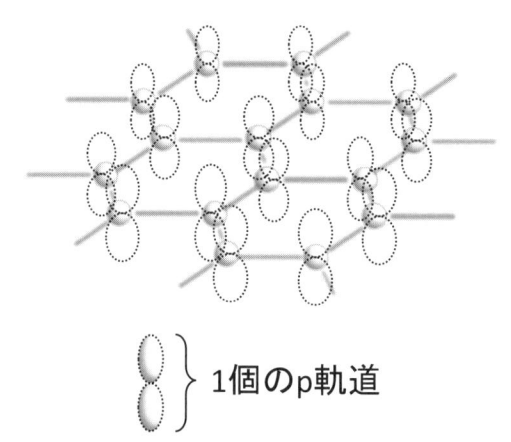

1個のp軌道

図9-1　グラファイト結晶中の炭素原子とp軌道

9-2　電子の非局在化

　カフェイン分子の六角形と五角形がつながった環構造でも，p軌道が連続して存在し，そこにある電子は複数の原子にまたがる広い空間を移動できるようになっている．

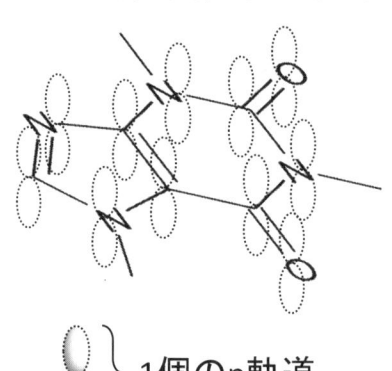

1個のp軌道

図9-2　カフェイン分子とp軌道

【例題 9-1】　図 9-2 の 11 個の p 軌道，それぞれに電子はいくつあるか？電子 1 個を黒い点 1 個で表し，各 p 軌道に黒い点を適切な個数を示しなさい．ただし，二重結合の両端の原子の p 軌道には，それぞれ電子が 1 個ずつある．そのほかの部分の電子配置も構造式に対応しているものとする．

〈解説〉

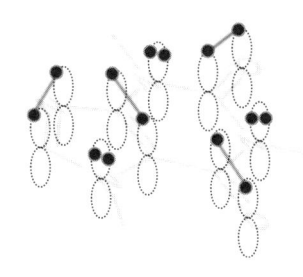

　隣り合う p 軌道にそれぞれ 1 個ずつある電子がペアになっているところが π 結合である（σ 結合とあわせて二重結合になっている）．π 結合を形成する電子 2 個をグレーの太線で結んで示した．p 軌道をもつ原子は，あわせて sp² 混成軌道も 3 個もつ．その結果，図 9-2 のように，ほかの原子と約 120° の結合角を保ち，これらの原子が連続すると，原子の中心（核）は同一平面内に並ぶ．

【例題 9-2】　キサンチン，プリンと呼ばれる分子の構造を調べなさい．これらの骨格構造を示し，カフェイン分子と比べなさい．電子が非局在化する範囲を p 軌道が連続して並ぶ空間として，示しなさい．

〈解説〉　カフェイン，キサンチン，プリンの骨格構造を下に左から順に示す．3 種類の分子で重なる共通の構造がある．五員環と六員環の部分は原子核の種類と幾何学的配置が同じである（一部，単結合と二重結合の違いがある．これは電子配置の違いを反映している）．

　キサンチンとプリン，それぞれについて p 軌道を示す．あわせて，p 軌道にある電子も黒い点で示す．このうち，π 結合を形成する電子 2 個は，グレーの太線で結んで示した．

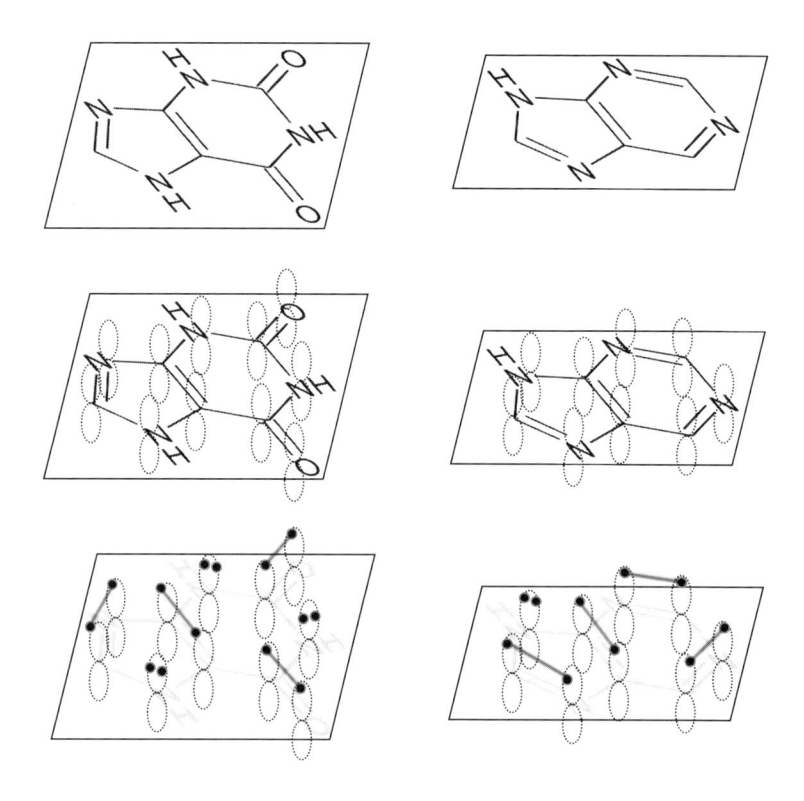

p 軌道が連続して並んでいるところで電子の非局在化が起きている.

【例題 9-3】　DNA の分子模型の一部を示す. 二重らせんの 2 本の鎖を結ぶ水素結合（白い棒で示されているところ）は塩基といわれる部分が担っている. 図中の四角で示した塩基について詳しい構造をその右側に示した. 例題 9-1 にあるプリンの構造と同じ部分を実線で囲みなさい.

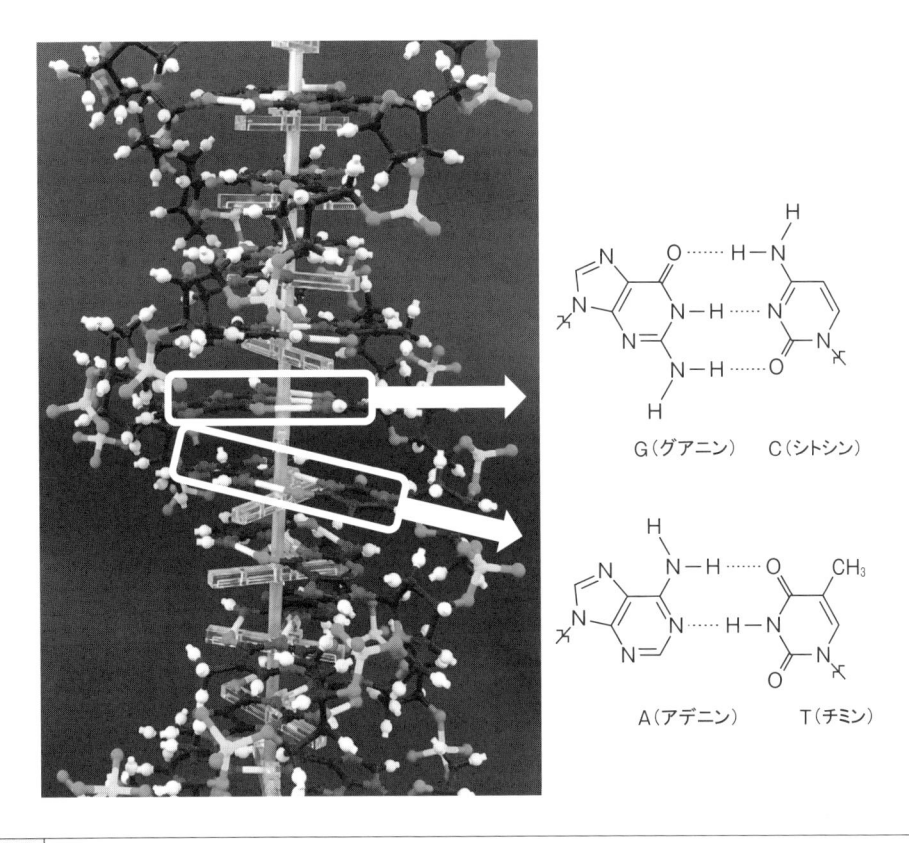

〈解説〉

G（グアニン）　　C（シトシン）

A（アデニン）　　T（チミン）

　実線で囲った部分の2か所は一部，二重結合と単結合に違いがあるが，原子核の種類と位置はほぼ同じである．

DNA の塩基部分は 4 種類あり，A（アデニン），C（シトシン），G（グアニン），T（チミン）のいずれかの記号で表される．これらは平面構造になっており，DNA の 2 本のらせんを水素結合（上の構造式の点線で示される部分）でつなげている．例題の答え 2 か所のように，プリンと重なる構造は A のアデニン，G のグアニンにある．一部，単結合と二重結合の違いがあるが，原子核の位置は，A，G の場合ともに，プリンとほぼ同様である（→ 9 章例題 9-2 の内容を参照）．

9-3 π 結合の開裂と H^+ との結合生成

図 9-3 に**エチレン**（**エテン** $H_2C = CH_2$）の分子模型を示す．7 章「7-4 p 軌道について」で説明があったように，この分子を構成する原子 6 個すべての中心（原子核）が同一平面上にくる平面分子である．その分子平面に垂直な軸をもつ p 軌道が 2 個並んでいる様子がわかる．二重結合の両端の炭素原子 2 個は，それぞれの p 軌道にある電子 1 個，あわせて合計 2 個の電子を共有して 1 つの $\overset{\text{バイ}}{\pi}$ **結合**を形成している．

二重結合の残りのもう 1 つの結合は $\overset{\text{シグマ}}{\sigma}$ **結合**である．結合の両端の炭素，それぞれの sp² 混成軌道で電子対を共有して，σ 結合形成しており，図 9-3 では炭素間の棒で表現されている．この結合に使用されている **sp² 混成軌道**の軸は，炭素–炭素の結合軸と重なる（→ 7 章 図 7-6，図 7-7 参照）．

単結合が軸回転しやすいのは，π 結合がなく，σ 結合のみで電子対が共有されている場合である．軸回転しても電子対を共有する軌道の形が変わらないためである．エチレンの場合，炭素間で軸回転すると p 軌道の軸が平行に並べなくなり，π 結合ができなくなる．この分，不安定になるので，軸回転しにくい．

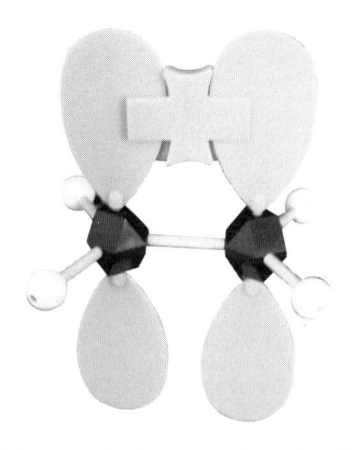

図 9-3 エチレン（エテン）の分子模型

このエチレンに水素イオン H^+（プロトン）が付加すると，炭素原子 2 個のうちの 1 個は，価電子を収める空間が **sp³ 混成軌道**（4 個）に変わる．もともとあった sp² 混成軌道 3 個と p 軌道 1

個がなくなり，sp³混成軌道を4個もつ炭素原子になる．残りのもう1個の炭素はsp²混成軌道3個とp軌道1個を保つが，p軌道にあった電子が1個なくなり，＋の電気を帯びたカルボカチオン C⁺ になる．この結果の様子を図9-4に示す．

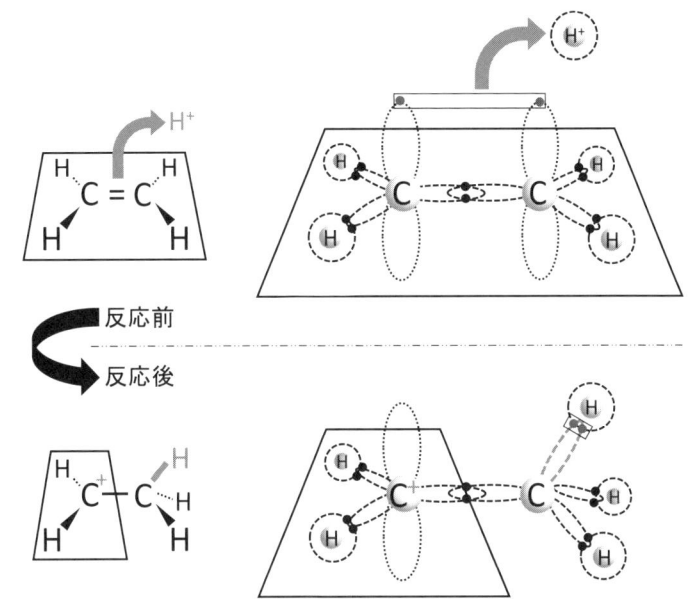

図9-4　エチレンに水素イオン H⁺ が付加する前後の様子

【例題9-4】　図9-4の上（反応前）から下（反応後）への変化で電子がどのように移動したかを考える．

(1) 変化前と変化後で電子の増減はあったか？

(2) 変化前の構造で，π結合を形成していた電子はどの原子のどの軌道にいくつあったか？

(3) 変化後の構造で，新たに生じた結合を見出し，その結合を形成する電子（共有電子対）は，どの原子のどの軌道にいくつあるか？

(4) 変化前と変化後で移動した電子について，その数はいくつか？それぞれが収容されていた軌道，変化後に収まっている軌道の名前もあわせて記せ．

〈解答〉

(1) ない．プロトン H⁺ は電子をもたない．

(2) 2個の炭素原子それぞれに1個あるp軌道に，電子は1個ずつあり，合計2個の電子がゆるい対として共有されていた．

(3) メチル基 CH₃ の中の C-H 結合1個が新たに生じた結合である．炭素のsp³混成軌道1個と新たに追加された水素のs軌道（→8章の図8-4下）との間で電子対が共有されている．

(4) 変化前の (2) の2個の電子が，変化後の (3) の電子になった．

9-4 共鳴式

(1) ベンゼンの構造と価電子を収容する軌道

　ベンゼン C_6H_6 の分子構造を図 9-5 に示す．構造式（図 9-5 上段中），骨格構造（図 9-5 上段右），各炭素原子の p 軌道（図 9-5 中段中と右），π 結合に参加している電子（図 9-5 下段），これらを示す図を並べた．

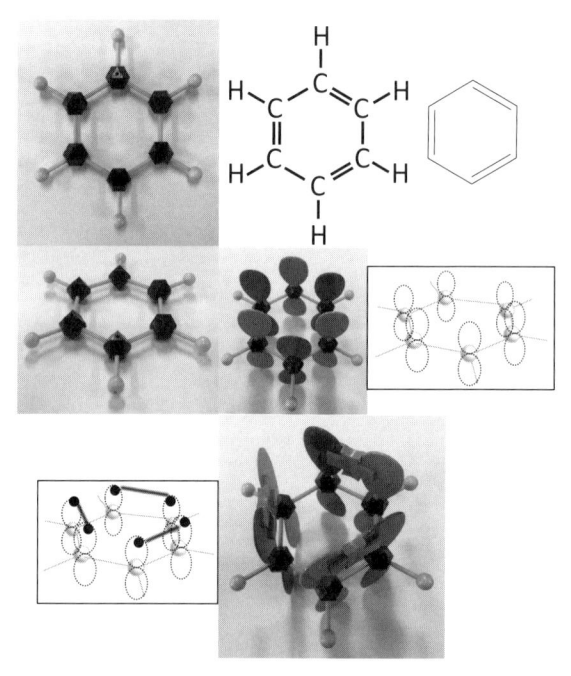

図 9-5　ベンゼン（C_6H_6）分子

　炭素原子 6 個はそれぞれ sp^2 混成軌道 3 個と p 軌道 1 個をもち，価電子を収めている．水素原子 6 個はそれぞれ s 軌道 1 個で，炭素原子の sp^2 混成軌道 1 個と，電子対を共有し，共有結合を形成している．ベンゼンは平面分子であり，結合角はすべて 120° である．

　ベンゼン分子 1 個の中で，6 個の p 軌道が図 9-5 中段のように並び，図 9-5 下段のように，それぞれ電子を 1 個収めているように見えるが，実際は，これらの電子は**非局在化**している．

　隣り合う 2 個の p 軌道それぞれにある電子，合計 2 個が対になり，π 結合ができる．これら π 結合 3 個ができる組合せは，図 9-6 のように，2 通りある．

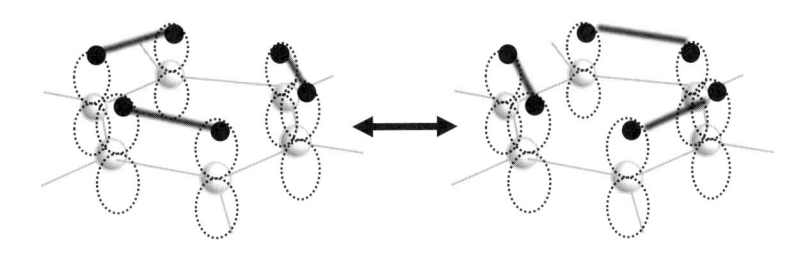

図 9-6 ベンゼン分子内の π 結合の様子

　実際のベンゼン分子は炭素間の結合距離はすべて等しく，炭素の原子核 6 個を結ぶと正六角形になる．炭素-炭素結合が単結合と二重結合で区別されない．つまり，1 つの炭素-炭素結合の長さは通常の単結合より短く，通常の二重結合より長い．これはどう説明されるのだろうか．図 9-6 にある複数通りの電子配置を構造式（あるいは骨格構造）で並べて示し，1 本の両矢印で結んだ表記を**共鳴式**という．ベンゼンの共鳴式を図 9-7 に示す．左右で原子核の位置は変わらず，電子配置（ベンゼンの場合は π 結合の組み合わせ）のみが異なる．並べた構造式の重ね合わせが，実際の電子配置に近いと考えられる．

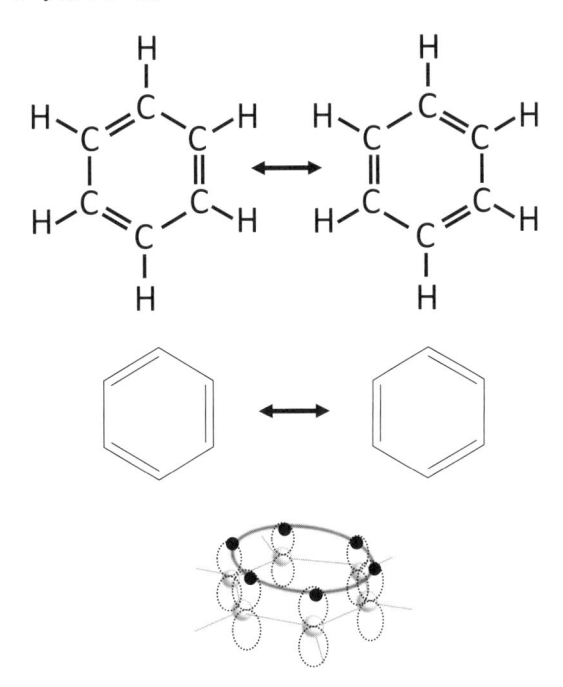

図 9-7 ベンゼンの共鳴式と電子配置

【例題 9-5】 二重結合とカルボカチオンが隣接しているアリル型カルボカチオンといわれる構造がある. 最も単純なアリル型カルボカチオン $H_2C=CH-CH_2^+$ を例にして, 電子配置を考える. 3個の炭素はすべて sp^2 混成軌道3個と p 軌道1個をもつ. 水素原子は s 軌道で電子対を共有している. 一部の電子は非局在化している.

(1) このイオンの構造式を記しなさい.

(2) (1) に示されている各原子について, 価電子を収める軌道空間を示しなさい.

(3) このイオン1個の中に p 軌道は何個連続して並んでいるか.

(4) これら連続する複数の p 軌道の中に電子は全部で何個あるか.

(5) このイオンの電子配置を共鳴式で示しなさい.

〈解説〉

(1)

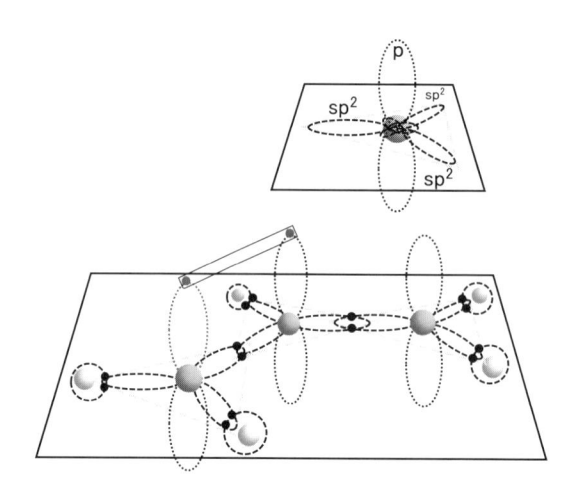

(2)

(3) (2) にあるように3個の p 軌道が並んでいる.

(4) (1) の構造式どおりなら3個の p 軌道に, 左から順に1個・1個・0個の電子がある. 合計2個である. これらの電子は非局在化している. つまり, 3個の p 軌道が重なり, その空間を2個の電子が移動できる.

(5) (4) の電子2個を p 軌道3個に配置するパターンを考える. 1個・1個・0個の場合以外に, 0個・1個・1個の場合がある. 隣り合う p 軌道に電子が1個ずつあり, ペアになれる場合は, π結合を形成できるので, その分, 安定である. 共鳴式を書くときは, 安定な電子配置のみを考えるので, 1個・0個・1個の場合など, 上記以外の場合は考えない.

共鳴式は以下になる.

$$H_2C=CH-CH_2^+ \qquad \longleftrightarrow \qquad H_2C^+-CH=CH_2$$

非局在化している電子は，共鳴式中にある構造式に対応させて以下の p 軌道にあると考えている．電子の非局在化が起こるとより安定な状態になる.

Column

原子価殻電子対反発則（valence shell electron pair repulsion rule，VSEPR 理論）

　なぜ，**三方平面形をつくる sp² 混成軌道**ができる場合と，**四面体構造をつくる sp³ 混成軌道**ができる場合があるのだろうか．これらは，中心原子の周囲に価電子の対が何組あるかで予測できる．この電子対は共有電子対だけでなく，非共有電子対も含む．価電子からなる対が4組あるとき，その4組の電子対は4個の sp³ 混成軌道にそれぞれ収まり，4対がお互いに最も離れる位置にくる．その結果，四面体構造になる．3組の場合は，その3組の電子対は3個の sp² 混成軌道に収まり，3対がお互いに最も離れた位置関係になる．それが三方平面形である．

　1個の軌道に存在できる電子の数は0か1か2である．**原子価殻電子対反発則**は電子を2個収める軌道の空間配置について予測を与える．1個の軌道にある電子が0個か1個か「中途半端な2個」の場合は，お互いに反発する電子対の組数には含めない．

　「中途半端な2個」とは非局在化している電子が含まれる場合である．共鳴式の一部の構造式では，1個の軌道に電子が（見かけ上）2個ある場合でも，実際には，それより少ない電子数になっている場合がある．その軌道にある電子密度は2個よりも少ない状態である．この見かけ上の電子対は，お互いに反発する電子対の組数には含めない．

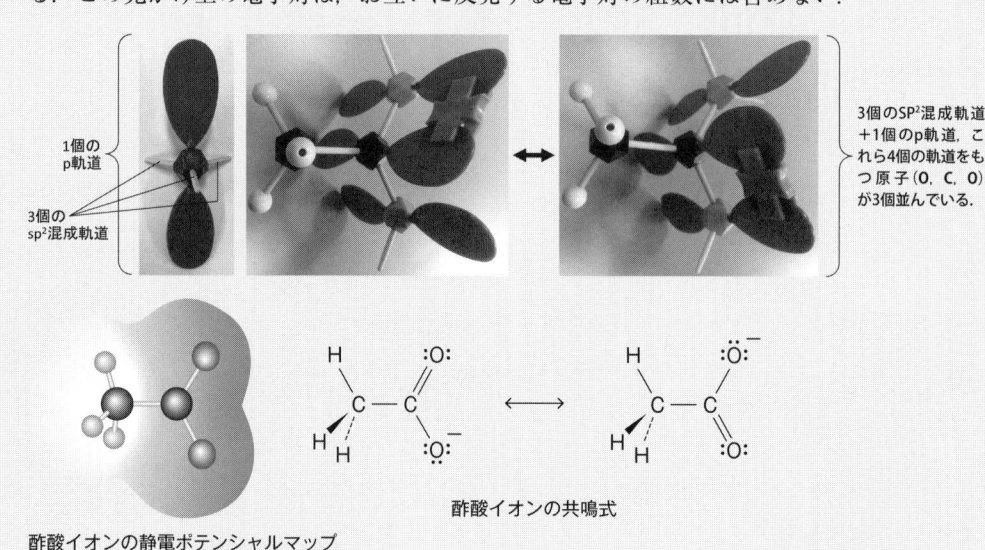

1個の
p軌道

3個の
sp²混成軌道

3個のSP²混成軌道
＋1個のp軌道，これら4個の軌道をもつ原子（O，C，O）が3個並んでいる．

酢酸イオンの静電ポテンシャルマップ
（10章のコラム参照）

酢酸イオンの共鳴式

第10章

＋電荷と－電荷が引き合って起こる反応

> **目的**：＋電荷と－電荷が引き合って起こる化学変化，原子どうしの結合の開裂や新しい結合の生成を，電子の移動と重ねてイメージする．
>
> **要点**：非共有電子対やπ結合している場所など，電荷が電子によりマイナスに偏っている部位が，電気的にプラスの場所と近づくことで，結合が生成する場合が多い．結合は電子対の共有であり，その生成過程を考える．このように＋電荷と－電荷が引き合って起こる反応を極性反応という．

10-1 極性反応

メチルカルボカチオンの構造式と電子配置を図10-1に示す（9章の図9-4の反応後に現れるイオンと同じである）．炭素2個と水素5個からなるイオンで，炭素1個はsp^2混成軌道3個とp軌道1個をもつ．残りの1個の炭素はsp^3混成軌道4個に価電子を収めている．

1つの炭素の右上に＋の表示がある．これはこの炭素が＋1の電荷をもつことを示し，**形式電荷**といわれる（化学式の中では，数字の1は省略される）．元素記号の右上に＋や－が示されてい

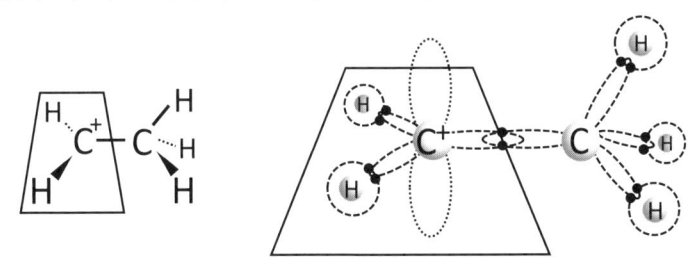

図 10-1　メチルカルボカチオンの構造式と電子配置

ない場合（もう一方の炭素）は，形式電荷は±0である．形式電荷を考えることで，構造式から原子ごとに電子の過不足がわかる（→詳細は章末のコラムを参照）．

　ある特定の原子に注目し，その原子周辺で電子不足になっている場合，電子はマイナスの電荷をもつので，その原子周辺はプラスになる．その度合いに応じて整数の値を大きくする．逆に電子過多の場合はマイナスになる．① 結合で使われている電子対の1/2と ② 非共有電子対がある場合は，そこにある電子数2と③ 価電子以外の内殻にある電子の数，これら① 〜 ③ を足して，その原子の核にある陽子の数と比べればよい．

【問題 10-1】 メチルカルボカチオンの2個の炭素について，それぞれ以下の (1)〜(5) に答えなさい．

(1) 結合している原子の数
(2) ほかの原子と共有している電子対の数
(3) 形式電荷
(4) 共有電子対を収める軌道の種類と数
(5) p 軌道があるか，ないか．ある場合，そこにある電子の数

　塩素原子1個は電子1個を追加で得て塩化物イオン1個になりやすい．水溶液中では，ほとんどの塩素が，塩化物イオンになって安定に存在する．私たちの体の中にも，主要なミネラルの一種として，塩化物イオンになって体液中に存在している．塩化物イオンの価電子は8個あり，軌道4個に2個ずつ収まっている．この状態では電子数は陽子数よりも1個多く，−1の電荷をもつ陰イオン（マイナスイオン，アニオン）である．こうした性質をもつ元素は，**塩素 Cl** 以外に，**フッ素 F，臭素 Br，ヨウ素 I** がある．これらをまとめて**ハロゲン**と呼ぶ．

　＋の電気と−の電気が引き合う結果起こる反応を**極性反応**という．例を図 10-2 に示す．極性反応の過程はマイナス電荷をもつ電子から伸びる矢印→で示される（ここでは電子対の移動を考えている）．マイナスの電荷をもつ塩化物イオン1個が，プラスの電荷をもつ1個のメチルカルボカチオンに近づくところを図 10-2 の上（反応前）に示す．塩化物イオン（の電子対）からの矢印→が，メチルカルボカチオンのどこを目指すのかに注意する．プラスの電荷を帯びる炭素原子の原子核に矢印の先端が向かっている．電子を収容可能な軌道がどこにあるかがわかれば，この結果，どうなるのか予測しやすい．電子2個が対になって収まる場所があり，2つの原子間で共有されると，結合が新たに生成される．

　反応後の様子を図 10-2 の下（反応後）に示す．塩素 Cl と炭素 C それぞれの軌道で電子対が新たに共有されることで，結合が新たに生成している．炭素原子の軌道は p 軌道から変化した sp^3 混成軌道である．この炭素原子が価電子を収める軌道は，反応前は sp^2 混成軌道3個＋p 軌道1個だったが，反応後は sp^3 混成軌道4個になっている（塩素原子が価電子を収める軌道の詳細は

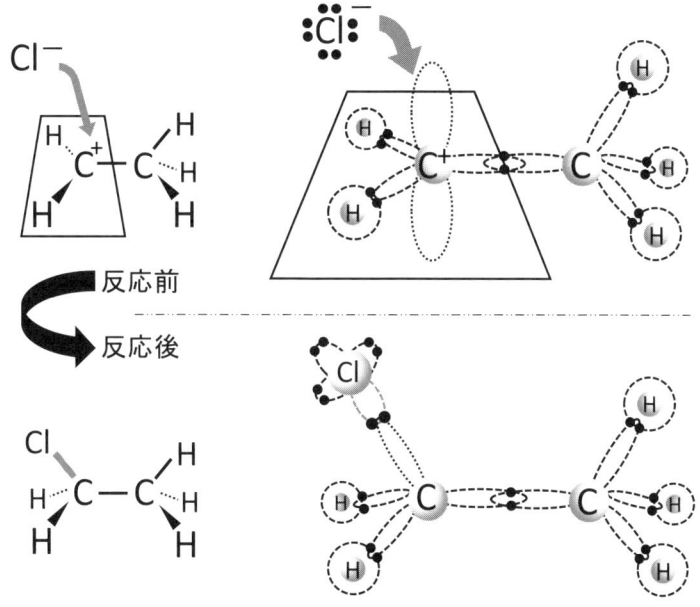

図 10-2　メチルカルボカチオンと塩化物イオンの反応

ここでは考えない）．

　9章の図9-4のメチルカルボカチオンが生成する過程を考える．反応する前の**エチレン**には π 結合を形成している電子対があり，この部分はマイナスの電荷をもつ．反応する相手のプロトンは水素のプラスイオンであり，プラスの電荷をもつ．これらがお互いに引き合った結果，メチルカルボカチオンが生成する化学変化が生じている．これも**極性反応**であり，この反応のきっかけはマイナス電荷をもつ電子から伸びる矢印→で示されている．

【例題 10-1】　図10-2の反応で電子がどのように移動したかを考える．

(1) 変化前と変化後で電子の増減はあったか？

(2) 変化前の構造で，＋の電荷をもつ炭素（カルボカチオン）のp軌道に電子はいくつあったか？

(3) 変化後の構造で，新たに生じた結合を見出しなさい．その結合を形成する電子（共有電子対）はどこにあるか？

(4) (3)の新しい結合に使われた電子はどこから来たか？

〈解答〉

(1) あった．塩化物イオンがもつ電子の分，Cl⁻ 生成物は電子数を増やしている．

(2) 0個

(3) カルボカチオン C⁺ だった炭素と塩化物イオン Cl⁻ の間で新しい結合ができている．生成後

の構造では，共有電子対が炭素 C の sp³ 混成軌道と塩素 Cl の 1 つの軌道で共有されている．
(4) 塩化物イオン Cl⁻ の孤立電子対 4 組のうち 1 組．

10-2 2 段階で進行する付加反応

9 章の図 9-4 と図 10-2 の 2 つの反応は，2 段階で連続して進行する**エチレン**（$H_2C = CH_2$）に**塩化水素 HCl** が付加する反応過程の前半と後半である．最終生成物として**クロロエタン** CH_3CH_2Cl が生成する．図 9-4 の反応後の生成物，図 10-2 の反応前の出発物，これら両方で示されている同一の化学種，メチルカルボカチオンは，反応全体からみると**中間体**になる．つまり，エチレンに塩化水素が付加してクロロエタンが生じる反応（$H_2C = CH_2 + HCl \rightarrow CH_3CH_2Cl$）は以下のように進行する．

$$HCl \rightarrow H^+ + Cl^-$$
$$H_2C = CH_2 + H^+ \rightarrow H_3C - CH_2^+$$
$$H_3C - CH_2^+ + Cl^- \rightarrow CH_3CH_2Cl$$

このように 2 種類の化学物質（エチレンと塩化水素）から 1 種類の物質（クロロエタン）が生成する反応を**付加反応**という．一方，2 種類の物質から別の 2 種類の物質が生成する反応を置換反応という．これら**付加反応**（X + Y→Z）と**置換反応**（W + X→Y + Z）以外に，**転位反応**（X→Y）と**脱離反応**（X→Y + Z）という言葉がある．これらは化学反応式の左辺と右辺にある化学種（分子やイオン）の数で分類できる反応名である．

一方，極性反応は反応のメカニズムで分類した反応名である．極性反応とは異なる反応機構をもつ反応として**ラジカル反応**（→ 18 章で説明がある）が知られている．

10-3 置換反応～S_N 2 反応と S_N 1 反応～

非共有電子対をもち，その－電荷が，ほかの分子やイオンの＋電荷を帯びる部分を攻撃する（＋電荷に近づき新しい結合をつくる）反応がある．攻撃する化学種は求核試薬とか求核剤と呼ばれる．核には＋電荷をもつ陽子がある．攻撃される化学種は基質と呼ばれ，反応にともない基質から離れる部分を**脱離基**という．

求核試薬による**置換反応**には 2 種類，**S_N 1 反応**と **S_N 2 反応**がよく知られている．S は置換の英訳 substitution に，小さい N は求核的の英訳 nucleophilic に由来する．数字の 1 は 1 分子的な反応を意味し，反応の進行が化学種 1 種類のみの濃度に大きく影響されることを示す．2 分子的な反応では化学反応式の左辺に現れる 2 種類の化学種，両方の濃度が反応の進行に影響する．

S_N1反応は，カルボカチオン中間体を経て，2段階で進行する．S_N2反応は1段階で進行する．まず，S_N2反応の例を例題10-2で確認する．

【例題10-2】　S_N2反応の例を以下に示す．これについて（1）〜（3）に答えよ．

(1) この反応の求核試薬を化学式で示せ．どこが求核的なのかも記せ．

(2) 求核試薬に攻撃されるのはどこか．なぜ，そこが狙われるのかも説明せよ．

(3) この反応によって失われた結合を形成していた共有電子対は，反応後どこにあるか，答えよ．

〈解説〉

(1) OH^- の酸素原子の非共有電子対3組のうちの1組．

(2) 炭素原子の中心，核（にある陽子）を目指して，求核試薬が近づく．＋電荷に－電荷が近づいている．ハロゲンは比較的電気陰性度が大きく，臭素 Br もその一種である．Br と結合している炭素 C にとっては，共有している電子対が Br 側に引き寄せられており，C 側の電子密度はやや低くなっている．つまり C はやや＋の電気を帯びている．その場所は－電荷が引き寄せられやすい状態である．

(3) 臭化物イオン Br^- の非共有電子対4組のうちの1組．

　この反応は，求核試薬の水酸化物イオン OH^- と基質のブロモメタン CH_3Br が出会うことが重要である．出会う頻度は両者の濃度に依存する．反応式 $OH^- + CH_3Br \rightarrow CH_3OH + Br^-$ の左辺にある反応物2種類両方の濃度が反応の進行に影響するので2分子的な反応である．求核置換反応なので S_N2 反応といわれる．

【例題 10-3】 S_N1 反応の例を以下に示す.2 段階の反応を上から順に示した.2 段階目の反応は左側の場合と右側の場合がある.これについて (1)〜(3) に答えよ.

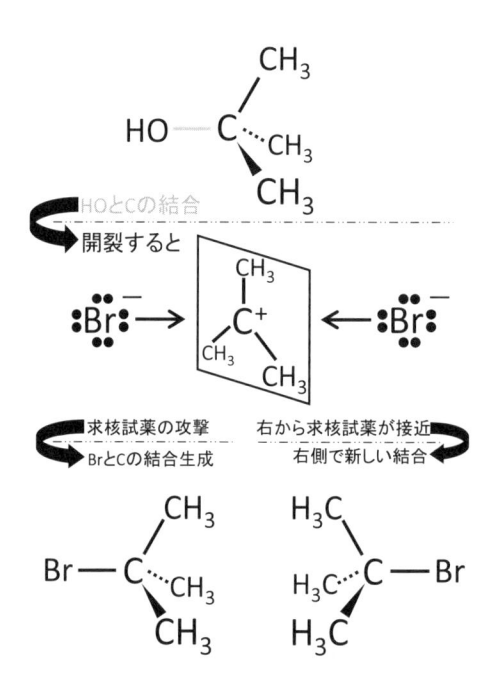

(1) 中間体の構造(価電子を収める軌道の種類と位置,そこにある電子数,結合角について)を説明せよ.

(2) 新しい結合をつくる共有電子対は,どこからもたらされたか答えなさい.

(3) 基質が異なる分子だった場合を考える.基質の 3 個のメチル基が,それぞれメチル基,エチル基,プロピル基の場合,最終生成物はどうなるか,考察しなさい.

〈解説〉

(1) 図の中段にある□で囲まれた,カルボカチオンにメチル基が 3 個結合したイオンが中間体である.4 個の炭素原子の中心(核)は同一平面内にあり,C-C-C の結合角はすべて 120° である.中心の 1 個の炭素は,価電子を収められる軌道として sp^2 混成軌道 3 個 + p 軌道 1 個をもつ.p 軌道の電子数は 0 個である.周辺のメチル基にある炭素 3 個はそれぞれ sp^3 混成軌道 4 個をもつ.C-C 結合は電子対を sp^2 混成軌道と sp^3 混成軌道で共有している σ 結合である.

(2) 新しい結合は C-Br である.共有されている電子対は臭化物イオン Br^- の非共有電子対 4 組の内の 1 組に由来する.この電子対を共有している炭素側の軌道は,結合生成にともない p 軌道から変化した sp^3 混成軌道である.

(3) 図の下段で最終生成物が左右鏡写しの関係に置かれている．分子内に対称平面がない場合，鏡写しの関係にある両者は異なる分子になる（詳細は 17 章を参照）．反応中間体であるカルボカチオン誘導体への求核試薬の攻撃は，平面構造の左右両側から同じ確率，それぞれ 50% で起こる．その結果，鏡像異性体の *R* 体と *S* 体の等量混合物，ラセミ体（17 章）が反応生成物として得られる．

　この反応は 1 分子的である．反応全体の進行は基質の濃度のみに大きく依存し，求核試薬の濃度は影響が小さい（わずかでもあればよい）．2 段階の反応のうち，1 段階目の反応が遅く，全体の反応の進行を決めているためである．このようにボトルネックになる反応段階を**律速段階**という．2 段階目の反応は，中間体が生成され次第，速やかに進む．そのため，最終生成物の単位時間当たりの生成量，反応全体の速度は 1 段階目の反応速度に依存している．

Column　電子密度の 3 次元的イメージ

　分子やイオンを眺める際のポイントは，電気的にプラスに偏っている空間とマイナスに偏っている空間を意識することである．

　生体内の化学反応を含め，多くの化学変化は電気のプラスとマイナスの引力が原因である（そうではないラジカル反応については 18 章で学ぶ）．分子やイオンは原子からできており，それぞれの構成原子の中心，核に＋電荷をもつ陽子がある．あわせて，各原子の核の周辺空間に－電荷をもつ電子がある．これら陽子と電子の数や位置により，分子やイオンのどこが電気的に＋，あるいは－に偏っているか推測できることが多い．化学変化は電子の移動による変化なので，電子の増減や電子を収容可能な軌道の形を知り，電気のバランスが空間的にどう推移するか予想すると，化学反応は理解しやすい．

　電子密度の高低は**静電ポテンシャルマップ**で表現できる（9 章のコラムに酢酸イオンの静電ポテンシャルマップの例がある）．複数の原子からなる分子やイオンの全体の空間について，電子密度の高低が静電ポテンシャルマップ中の色の濃淡で表現できる．

　分子やイオンの電子が存在できる周辺空間の一部分について，電子密度がやや高い場所に δ^-（デルタマイナス），電子密度がやや低い空間には δ^+（デルタプラス）の記号を表示する．この δ（デルタ）は，電荷の大きさの絶対値が整数の 1 に満たないときに用いられ，こういう電荷を**部分電荷**という．

第11章

反応エネルギー図と
エンタルピー

目的：分子やイオンのもつエネルギーが安定性の度合いや反応のしやすさと関わることを知る．

要点：反応エネルギー図から反応に必要なエネルギー，反応前後のエネルギー差を読み取る．反応の速度に影響を与える活性化エネルギーが反応エネルギー図でどう表現されるかを確認する．

11-1 エネルギーの高低と不安定・安定

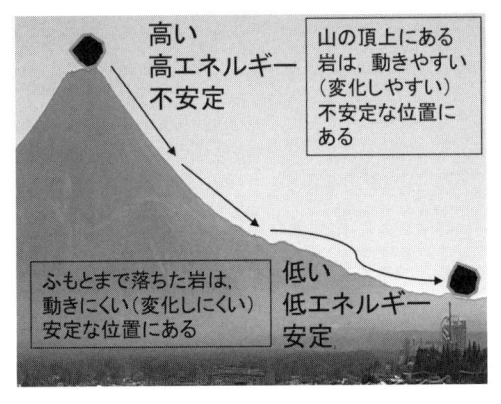

図 11-1　エネルギーが高い状態と低い状態

エネルギーが高い状態は**不安定**で，変化が起きやすい状態である．一方，エネルギーが低い状態は**安定**で変化が起きにくい状態である．

原子どうしの結合を含む分子は色々な種類のエネルギーを含みもつ．原子と原子の結合がばねのように振動することによるエネルギー（**振動エネルギー**）や，分子全体が動くことによるエネルギー（**並進エネルギー**），回転することによるエネルギー（**回転エネルギー**）などである．結合の生成や開裂にともない，反応する相手とエネルギーの交換が行われる．周囲と熱によるエネルギーのやり取りもあり，何かしらの変化にはエネルギーの変化がともなう．

11-2 カルボカチオン中間体の安定性

＋電荷をもつ炭素 C^+ を含むイオンを総称して**カルボカチオン**という．2種類のカルボカチオンが中間体として生成する可能性がある 2-メチルプロペン $(H_3C)_2C=CH_2$ と塩化水素 HCl の付加反応を考える．図 11-2 のように H^+ が，二重結合の両端にある 2 個の炭素のうちどちらの炭素と結合をつくるかで，異なるカルボカチオンが生じる．

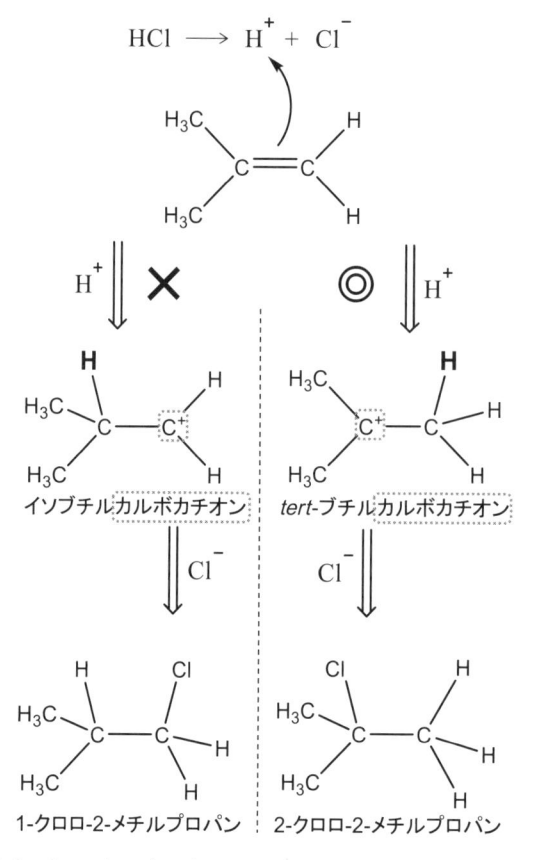

図 11-2　2-メチルプロペンの π 結合の開裂と H^+ との結合生成

　最後の反応で，＋電荷をもつ炭素に塩化物イオンが結合して最終生成物になる．結果として，2-クロロ-2-メチルプロパンのみが生成し，1-クロロ-2-メチルプロパンはほとんど生成しない．これは**中間体**のカルボカチオンの段階で，2-クロロ-2-メチルプロパンの前段階のカルボカチオン（*tert*-ブチルカルボカチオン）のみが生成しているためである．なぜ 1-クロロ-2-メチルプロパンの前段階のカルボカチオン（イソブチルカルボカチオン）は生成しないのだろうか．例題 11-1 で反応エネルギー図を使って考えてみる．

【例題 11-1】　2-メチルプロペンと塩化水素の付加反応を考える．この反応の 1 段階目について，2 種類の中間体 *tert*-ブチルカルボカチオン，イソブチルカルボカチオンが生成するまでの反応エネルギー図を以下に示す．(1)～(3) に答えなさい．

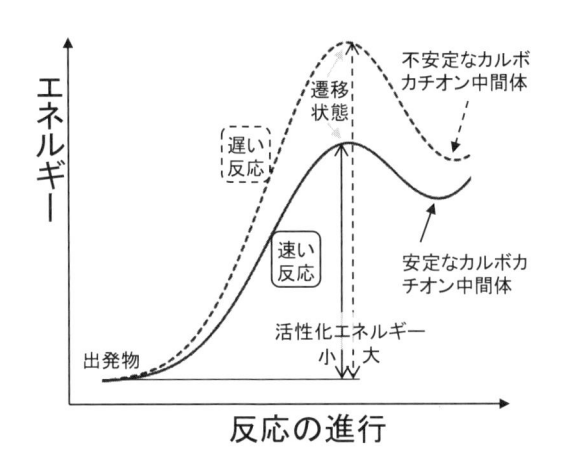

(1) *tert*-ブチルカルボカチオンとイソブチルカルボカチオンはどちらがより安定か．＋電荷をもつ炭素 C^+ に炭素が多く結合する方が安定である（電子不足の C^+ に対して，メチル基の C は H よりも電子供与性が強いため）．

(2) カルボカチオンが生成するまでの過程を考える．*tert*-ブチルカルボカチオンとイソブチルカルボカチオンは図中の実線と点線のどちらか？

(3) 2 種類の反応中間体のうち，どちらがより速やかに生成するか．出発物の 2-メチルプロペンの高さを基準にして，遷移状態の高さが低い（活性化エネルギーが小さい）方が速やかに生じる．

〈解答〉

(1) C^+ にメチル基 $-CH_3$ が3個結合している *tert*-ブチルカルボカチオンの方が安定である．イソブチルカルボカチオンでは C^+ に炭素 C が1個，水素 H が2個結合している．

(2) 反応エネルギー図の右側，曲線が下がってきて，低くなっているところで縦軸の位置を比べる．エネルギーが高い方（点線）が不安定で，低い方（実線）が安定である．前者がイソブチルカルボカチオンで，後者が *tert*-ブチルカルボカチオンである．

(3) 反応エネルギー図内の曲線で，山の頂点（**遷移状態**）の高さを比べると，イソブチルカルボカチオンの方が高い．曲線の左端にある出発物のエネルギー位置を基準にした高さを**活性化エネルギー**という．出発物は共通で同じなので，山の高さの差が活性化エネルギーの差になる．活性化エネルギーが小さいほど速く進行する反応である．活性化エネルギーが小さく，より速やかに生成するのは *tert*-ブチルカルボカチオンの方である．

　なぜ *tert*-ブチルカルボカチオンの方がイソブチルカルボカチオンよりもエネルギーが低く，安定なのだろうか．+に帯電している炭素，カルボカチオンは電子不足である．これに結合する原子3個に注目すると，イソブチルカルボカチオンでは炭素が1個と水素が2個である．*tert*-ブチルカルボカチオンでは炭素が3個で水素が0個である．電子不足の C^+ に対して，電子を供与する性質は，水素よりも炭素の方が強いので，*tert*-ブチルカルボカチオンの方が居心地のよい状態，つまりエネルギーが低く，安定である．炭素には水素よりも電子が多くあり，空間的に大きな軌道に価電子がある．その結果，電子を供与する能力は水素よりも高い．より多くの炭素と結合しているカルボカチオン中間体がより速く生成し，それを経由してできる生成物がより多く生成する．つまり，2-メチルプロペンの付加反応では，二重結合の両端の炭素2個のうち水素と多く結合している炭素の方に水素が付加する．この経験則は**マルコフニコフ則**として知られている．

![11-3] 付加反応の進行とエネルギー変化

　エチレンと塩化水素（水素イオンと塩化物イオン）の付加反応にともなうエネルギー変化を考える．出発物であるエチレンが水素イオンと反応し，中間体であるメチルカルボカチオンになり，次に塩化物イオンと反応し，最後にクロロエタンになる．2段階で進行する反応である．この反応の反応エネルギー図を図 11-3 に示す．反応の進行を，横軸で左から右に示している．エネルギーの値を縦軸にとり，その反応の進行にともなうエネルギー変化を示している．

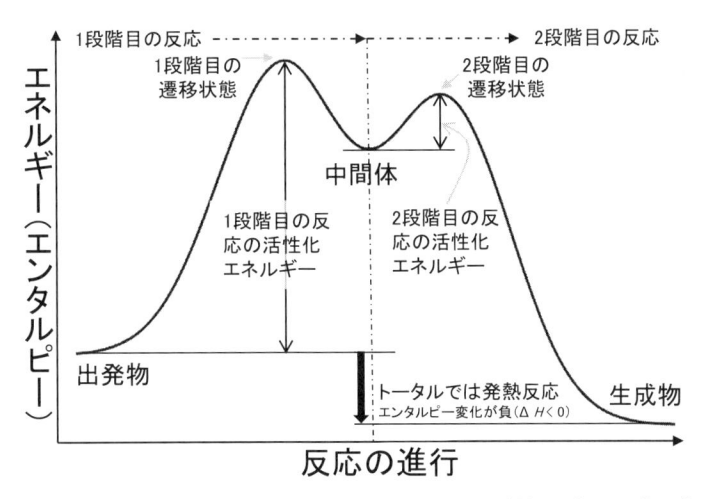

図 11-3　エチレンと塩化水素からクロロエタンが生成する付加反応の反応エネルギー図

　曲線が下に凹んでいるところがエネルギーの極小点で，分子やイオンが安定に存在できる状態を示している．上に凸になっている頂点，**遷移状態**では不安定である．縦軸が示すエネルギーの値が高いほど不安定であるが，図 11-3 の中央付近，やや高いところにある下に凹んでいる極小点はカルボカチオン中間体に対応する．その周辺よりはエネルギーが低く，相対的に安定な状態であることがわかる．

　出発物から中間体が生成するまでが 1 段階目の反応である．中間体から生成物までの反応が 2 段階目の反応である．これらの反応について**活性化エネルギー**（それぞれのスタート地点から登る山の高さ）を比べると，後者の方が小さいことがわかる．つまり，エチレンと塩化水素の付加反応でクロロエタンが生成する反応では，1 段階目の反応よりも 2 段階目の反応の方が速く進むことがわかる．

11-4 　吸熱反応と発熱反応

　図 11-3 の反応エネルギー図の 1 段階目の反応において，出発物のエネルギーと中間体のエネルギーを比較すると，後者が高い．このような反応を**吸熱反応**という．一方，2 段階目の反応では，中間体から生成物に変化する際，エネルギーは低くなっている．この際，失ったエネルギーが熱として放出されることから，**発熱反応**といわれる．反応全体を考えると，最初のエチレンのエネルギーのよりも，付加反応の最終生成物であるクロロエタンの方がエネルギーは低い．エチレンと塩化水素の付加反応は，全体のエネルギー収支を考えると，発熱反応であることがわかる．

　物質が変化する際，エネルギーを得たり，失ったりする．これは，周囲とエネルギーをやり取りした結果であり，エネルギーは移動しただけである．周囲のエネルギーも含めたエネルギー全体の総和は変わらない．これを**エネルギー保存則**または**熱力学第一法則**という．

11-5 エンタルピー

ここまで用いてきた「エネルギー」は「**エンタルピー**」ともいわれる．エネルギーを示す言葉は複数あり，そのうちの１つである．さらに，12章で「**ギブズの自由エネルギー**」について学ぶ．同一種類の分子やイオンでも，それを集団で考える場合は，「ギブズの自由エネルギー」が便利である．これは「**エンタルピー**」に，「**エントロピー**」の効果を含めたエネルギーである．

「エントロピー」はエネルギーを示す言葉ではない．簡単に表現すると乱雑さを示すといわれる量で，分子の集合状態を考慮する際に用いる．「エントロピー」の詳細は13章で説明する．

11-6 共役ジエンの付加反応

単結合と二重結合を交互にもつ分子は**共役分子**といわれる．簡単な例として **1,3-ブタジエン** $CH_2 = CH - CH = CH_2$ がある．単結合１個をはさんで，二重結合が２個ある共役ジエンである（「ジエン」の「エン」は二重結合を，「ジ」は２個を意味する）．この分子１個に臭化水素 HBr が１個付加する反応について，例題 11-2 を解きながら考えよう．

【例題 11-2】

(1) 1,3-ブタジエン $CH_2 = CH - CH = CH_2$ の炭素が価電子を収める軌道は？

(2) この分子の構造式を記せ．分子の形，結合角をふまえて記すとわかりやすい．

(3) 1位の C に H^+ が付加してできるカルボカチオンと２位の C に H^+ が付加してできるカルボカチオン，両方の構造式を記せ．

(4) (3)のどちらがより安定か？理由も答えよ．

(5) (4)の安定な方から２種類の最終生成物が得られた．これらの構造式を記せ．

〈解答〉

(1)

炭素原子１個あたり sp^2 混成軌道３個と p 軌道１個がある．ここに価電子を収めている．1,3-ブタジエンの４個の炭素原子すべて同様である．

(2)

結合角はすべて 120° に近い角度で，構成原子 10 個の中心（核）は同一平面上にある．構造式は以下の図中の ② に示す．

(3)

1位の C に H^+ が付加してできるカルボカチオン（以下の図中の「③ 安定」）は，単結合１個を

経た隣に二重結合があり，**アリル型カルボカチオン**といわれる．2位の C に H^+ が付加してできるカルボカチオンは，以下の図の左側（「③ 不安定」）に示されるように，アリル型カルボカチオンではない．

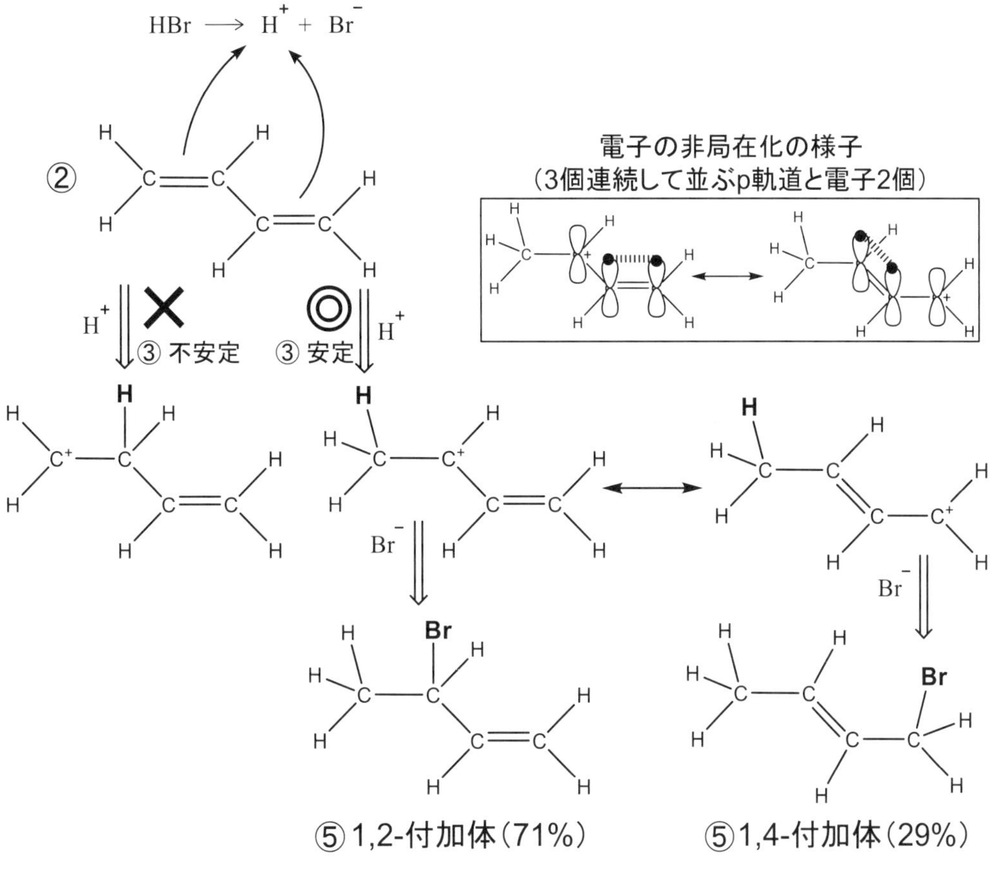

⑤1,2-付加体（71%）　　⑤1,4-付加体（29%）

(4)

　電子不足の C^+ に電子を供与できる原子や原子団がつくと安定である．1位の C に H^+ が付加してできるカルボカチオンでは C^+ に結合するのは $-H$, $-CH_3$, $-CH=CH_2$ である．2位の C に H^+ が付加してできるカルボカチオンでは C^+ に結合するのは $-H$, $-H$, $-CH_2-CH=CH_2$ である．前者の方が，電子供与能の高い原子団がより多く C^+ に結合しているので，より安定である．不安定な方のカルボカチオンはほとんど生成せず，よってこれを経て生成する最終生成物もほぼ生成しない．

　特に $-CH=CH_2$ が C^+ に結合すると p 軌道が連続して3個並び，p 軌道の重なりを通じて強く電子供与できるため，安定化への寄与が大きい．アリル型カルボカチオンの特徴である．

(5)

　アリル型カルボカチオンは，p軌道が連続して並ぶ空間で電子が非局在化しており，共鳴式で表現できる．共鳴式にある C^+ は，電子密度の低い場所である．そこに臭化物イオン Br^- が近づき，図中の ⑤ のように結合をつくる．

【問題 11-1】 　1,3-ペンタジエン $CH_3CH = CH - CH = CH_2$ 分子1個に HCl が1個付加する反応を考える．

(1) 1段階目の反応で1,3-ペンタジエンに H^+ が付加して生成しうる複数種類のカルボカチオン中間体のうち，安定なカルボカチオン2種類を，それぞれ共鳴式で示しなさい（共鳴式1個に複数の構造式を用いるが，共鳴式1個で1種類のイオンである）．

(2) (1) の2種類の中間体からできうる最終生成物3種類を示しなさい（共鳴式から予測される電子密度の低い場所に Cl^- が付加すると考える）．

第12章

自発変化の方向とギブズの自由エネルギー

> **目的**：$\Delta G = \Delta H - T \times \Delta S$ の式から，自発的な変化の方向を予測する．G はギブズの自由エネルギー，H はエンタルピー，T は絶対温度，S はエントロピーである．Δ（デルタ）は変化分を示す．
>
> **要点**：変化を引き起こす要因として，エンタルピー H の減少とエントロピー S の増大がある．これらの効果を合わせて評価できるように，ギブズの自由エネルギー変化 ΔG を考える．ΔG が負になる変化（$\Delta G < 0$）は自発的である．

12-1　自発変化は発熱反応か？

　水は高い所から低い所に自発的に流れ，低い所から高い所へは自発的には行かない．化学変化においても，出発物が生成物に変化する際，**エンタルピー**（H，エネルギーの一種）を失う**発熱反応**のみが自発的に起こるように思われるかもしれない．しかし，自発的に起こる**吸熱反応**もある．

　炭酸水素ナトリウムの熱分解は，室温以上の温度で，自発的に進行する吸熱反応である．その物質は変化にともない周辺からエンタルピーを得ているにもかかわらず，自発的に進む反応である．エンタルピーの減少だけでは，自発的な変化の条件にはできない．この変化を化学反応式で示す．

$$2NaHCO_3 \rightarrow Na_2CO_3 + H_2O + CO_2$$

　左辺に示される炭酸水素ナトリウム分子2個が，炭酸ナトリウムと水と二酸化炭素，それぞれ1個ずつ，計3個に変化する．1種類の分子2個が3種類の分子それぞれ1個，合計3個に変化しており，バラバラになる傾向が想像できる．

12-2 ギブズの自由エネルギー

シンプルな表現をすれば，バラバラ度合いの増加は「エントロピー S」（13章参照）の値の増加と対応する．上記の変化では，反応にともないエントロピーが増大（$\Delta S>0$）しており，これが自発的な変化を引き起こしている．その影響が，吸熱反応（$\Delta H>0$）のエンタルピー H 増加による逆の影響を上回る程度なので，自発的に進行すると考える．この条件を式で表すと次のようになる．

式 12-1　$\Delta G = \Delta H - T \times \Delta S$

式 12-2　$\Delta G < 0$

Δ は変化分を表し，変化後の値から変化前の値を引いた差を意味する．G は「**ギブズの自由エネルギー**」である．T は絶対温度（以下の説明を参照）で，常に正の値である．式 12-1 は，ある温度 T において，ギブズの自由エネルギーの変化分 ΔG がエンタルピー変化 ΔH とエントロピー変化 ΔS の値で決まることを示す．式 12-2 のように，ΔG がマイナスの値の場合，その変化は自発的である．ただし，条件により反応が遅い場合があり，速やかに進行するとは限らない．

絶対温度：絶対零度 -273.15℃ を，0 K（ゼロ ケルビン）として，基準にした温度．1 K と 1℃ の温度幅は同じである．つまり，0℃ は 273.15 K で，100℃ は 373.15 K で，室温 25℃ はだいたい 298 K である．

【例題 12-1】 以下の反応は自発的に進行するか？ ΔH は -212 kJ/mol で，発熱反応である．

$NH_4NO_2(s) \rightarrow N_2(g) + 2H_2O(g)$

〈解答〉 反応式の左辺にある出発物，亜硝酸アンモニウムの化学式の後に付く（s）は，その物質が固体（solid）であることを表す．矢印の右側，右辺にある窒素と水の化学式それぞれの後にある（g）は，その物質が気体（gas）であることを示す．液体（liquid）の場合は（l）で示す．つまり，この反応では 1 種類の固体物質が，2 種類の気体物質に変化する．物質量の比を考えると，1 mol の出発物から，生成物が 1 mol ＋ 2 mol 生成する．バラバラ度合いは増えており，$\Delta S > 0$ と考えられる．ΔH は負の値（発熱反応，-212 kJ/mol）で，絶対温度 T は常に正の値なので，上記の式 12-1 にあてはめて考えると，温度 T の値に関わらず，ΔG は負の値になる．式 12-2 の $\Delta G < 0$ を満たし，自発的に進行することがわかる．

一般に化学反応において，ギブズの自由エネルギーが減少する方向に，自発的に変化すると考える．ただし，自発的な反応だからといって，その反応が完全に進行して，いつも出発物がすべて生成物になるということではない．化学平衡の考え方をギブズの自由エネルギーと結びつけて

理解することで，どのようにバランスが成り立つのかを 15 章で学ぶ.

　　$\Delta H < 0$ かつ $\Delta S > 0$ なら，T の値によらず，常に $\Delta G < 0$ なので，どの温度においても自発的な変化である.逆に，$\Delta H > 0$ かつ $\Delta S < 0$ なら，T の値によらず，常に $\Delta G > 0$ なので，どの温度においても，その変化は自発的ではない.それら以外の場合は T の値により，ΔG が正か負か決まる.この場合，変化が自発的に進行するかは温度次第である.

　　11 章で解説した反応エネルギー図において，縦軸に示されるエネルギーは, 今後, エンタルピーではなく，**ギブズの自由エネルギー G**（あるいは化学ポテンシャル μ と表現される場合もある）を用いる.この場合, 出発物のエネルギーよりも生成物のエネルギーが低くなる反応は，発熱反応（$\Delta H < 0$）ではなく，**発エルゴン反応**（$\Delta G < 0$）という.同様に，縦軸がギブズの自由エネルギーの場合, 出発物のエネルギーよりも生成物のエネルギーが高くなる反応は，吸熱反応（$\Delta H > 0$）ではなく**吸エルゴン反応**（$\Delta G > 0$）という.

【例題 12-2】

(1) 炭酸水素ナトリウムが熱分解する自発的な吸熱反応を考える.反応式はこの章の最初のページに記した.この反応について，縦軸がエンタルピーの反応エネルギー図はどちらか？

(2) この同じ反応について，縦軸をギブズの自由エネルギーにすると反応エネルギー図はどうなるか？また, この反応は, 吸エルゴン反応か，それとも発エルゴン反応か.ただし，左右のグラフで縦軸の目盛は同じではない.

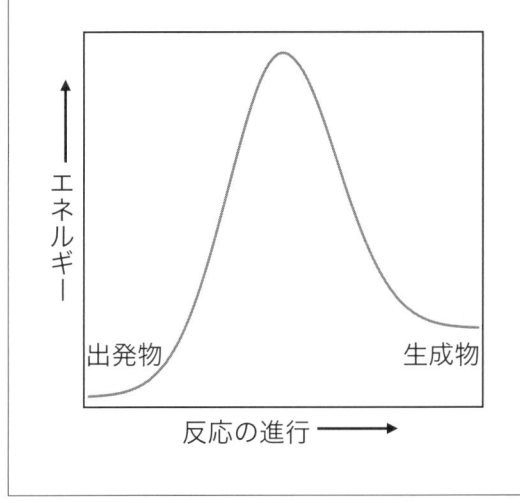 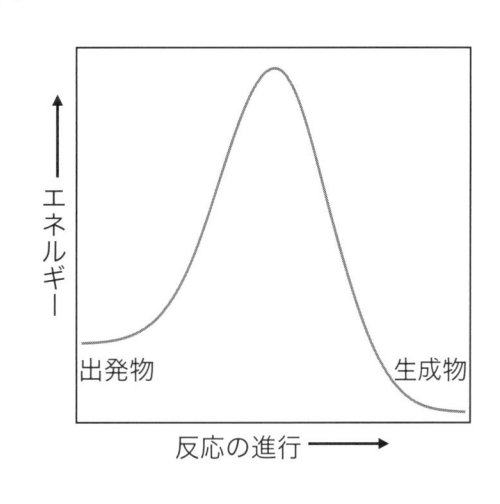

〈解答〉

(1) 吸熱反応なので, 左の出発物よりも右の生成物の方が高くなっている反応エネルギー図, 左側である.ただし縦軸のエネルギーはエンタルピーである.

(2) 左の出発物よりも右の生成物の方が低くなっているので，右側の反応エネルギー図になる（ここでは左右の反応エネルギー図で縦軸の目盛は同じではない）．(1)と同じ反応だが，エントロピーの効果を含めたエネルギーで考えると，出発物と生成物の縦軸の値の大小が変わることがわかる．縦軸のエネルギーはエンタルピーではなく，ギブズの自由エネルギーなので，発エルゴン反応と呼ぶ．

　エンタルピーとエントロピーの両方の効果を含めた指標であるギブズの自由エネルギーを，縦軸に用いた反応エネルギー図を用いれば，その変化の自発的な方向がわかる．ただし，可逆反応の発エルゴン反応で，出発物がすべて生成物になるわけではない．15章で，ギブズの自由エネルギー変化と平衡定数の関係を学ぶ．そこでは縦軸がギブズの自由エネルギーの反応エネルギー図を用いて，動的平衡時の正反応と逆反応（生成物から出発物への反応）を考える．

Column 私たちの体はどうやって食べた物からエネルギーを得て，複雑な生命活動を維持しているのだろうか？

　私たちはエネルギーを有効に利用して生きている．生きるために，私たちは食べ物を摂取し，エネルギーを得ている．コンビニで食べ物を買うとラベルにエネルギーの値が（熱量として cal の単位で）記されている．アイスクリームなど美味しいものに多く含まれている糖質，その代表のグルコースについて考えよう（食品中の糖質の多くは，体内で分解されてグルコース分子になる）．

　グルコースの分子構造は8章で学んだ．ここでは簡単に分子式 $C_6H_{12}O_6$ で示す．このグルコース 1 mol（180 g ぐらい）に火をつけて完全に燃やして，二酸化炭素 CO_2 と水 H_2O にすると，熱が得られる．どれだけの熱量かはエネルギーの単位 J（ジュール）で示される（1 cal は 4.184 J である）．この燃焼を4章で学んだ熱化学方程式で表現すると以下になる．

$$C_6H_{12}O_6(s) + 6O_2(g) = 6CO_2(g) + 6H_2O(l) + 2820 \text{ kJ}$$

(s)，(g)，(l) はそれぞれ個体，気体，液体の状態を示す．180 g のグルコースから 2820 kJ（キロジュール）の熱エネルギーが放出されたことになる（キロは 1000 倍を意味する補助単位である．念のため）．糖質は，栄養の説明で「体を動かしたり，体温を保つエネルギー」といわれる．

　私たちはアイスクリームやごはんに含まれている糖質を食べて，グルコースを体内で得て，それを体の中で燃やして熱エネルギーを得て，体温を維持しているのだろうか？確かに，私たちは呼吸で酸素 O_2 を得て，二酸化炭素 CO_2 を吐き出している．また，体内にはたくさんの水分 H_2O がある．単純に考えれば，私たちの体の中で起きていることは，上の

熱化学方程式のように感じられるかもしれない.

　しかし，私たちの体の中は，食べたものを燃やすだけの場所ではない．筋肉を使って運動をするし，本を読んで考えたり，映画を見て感動したりもする．筋肉を構成する細胞内での化学反応の結果，筋組織の収縮する力が得られ，運動ができる．脳内での電気信号を生むために，神経細胞はイオン反応を制御している．あらゆる生命活動で，分子やイオンの反応にエネルギーを費やしている．このためのエネルギーは，燃焼時に得られる熱エネルギーではだめで，もっと使いやすい種類のエネルギーが必要である．それは，生命活動に必要な特定の分子・イオンを生成する反応を「自発的に」進ませるエネルギーである.

　ヒトの体内では，グルコースなどから，いくつかの反応システムを経て，アデノシン三リン酸（ATP）という分子がつくられている．この ATP は生体内で「エネルギー通貨」として働き，いろいろな反応を自発的に進ませることができる（ATP 内にもプリン構造が存在している）.

　ATP は容易にほかの分子に変化する．その際，ギブズの自由エネルギー変化分（ΔG）は負の値で（絶対値が）大きい．つまり，エネルギーを多く放出できる．ATP の反応と一緒に，別の反応が起こることで，本来は自発的に進みにくい反応も進めることができる．こうした反応は共役反応といわれる．生命活動に必要な多様な物質がこうして得られている.

　複雑な生命現象を微視的な視点から学ぶ際，エネルギーの流れについても重ねて意識できれば，より理解しやすくなるだろう.

第13章

エントロピーと熱力学第二法則

> **目的**：エネルギーとは異なる物理量「エントロピー S」も変化の方向に影響を与える．これが増加する方向で変化が起きやすいことを知る．
>
> **要点**：ことわざ「覆水盆に返らず」と熱力学第二法則を重ねて考えてみる．また微視的な視点から，粒子の集まりについて，エントロピー S の定義 $S=k\ln W$ を考える（k はボルツマン定数，$\ln W$ は状態数 W の自然対数を表す）．

13-1 エントロピー

単純化した表現では，**エントロピー**は乱雑さの程度を示す．エントロピーの大小を直感的に示す図を図 13-1 に示す．

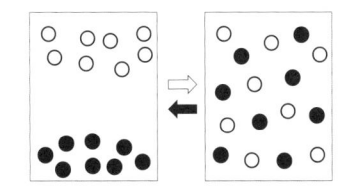

図 13-1　黒玉と白玉が整理されている場合と混ざっている場合

左がエントロピーの小さい状態で，右がエントロピーの大きい状態である．左から右への変化と右から左への変化，どちらが起こりやすいか考える．経験的に左から右への変化の方が自発的に起こりやすいと思える．右から左にするためには「手間のかかる整理整頓の作業」が必要だ．

13-2 熱力学第二法則と熱力学第三法則

熱力学第二法則によると，世の中の実際の変化では，変化前に比べて変化後はエントロピーが増える．エントロピーの減少も日常生活では度々観測されるが，それは特定の場所，限られたところ（「**系**」という）の現象で，その周辺（「**外界**」という）の変化も含めた全体のエントロピー収支を考えると，トータルでは増加している．エネルギーは変化にともない移動するだけで総和は変わらないとした熱力学第一法則（→ 11 章 11-4 項）と対照的である．

生命体の内部ではエントロピーが低く抑えられている様子が観察される．図 13-2 は，細胞の内外に存在するナトリウムイオン（Na^+）とカリウムイオン（K^+）の各粒子の様子を模式的に表している．図 13-1 の左と右，どちらに近い様子だろうか．生きている細胞は「手間のかかる整理整頓の作業」をしていることがわかる．

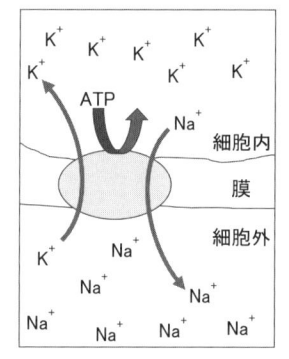 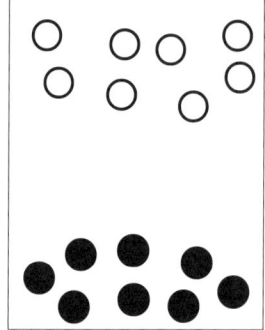

図 13-2 細胞内外で Na^+ と K^+ の濃度差が維持されている様子

イオンや分子といった微視的な視点でエントロピーを考えることは，生命現象と関わる多くの化学物質の濃度バランスを理解する上で重要である．エントロピーは，化学反応の方向を決める**ギブズの自由エネルギー**と関係し（→ 12 章の式 12-1），その結果，生体内の分子やイオンの増減や濃度に影響する．

ボルツマン（コラム参照）の墓にはエントロピーを示す以下の式 13-1 が刻まれている（log を ln に書き直してある）．

式 13-1　　$S = k \ln W$

k は**ボルツマン定数**（1.38062×10^{-23} J/K），W はとりうる状態の数（次の段落で説明する），ln は自然対数を表す（自然対数はネイピア数 e（$\approx 2.71828\cdots$）を底とした対数である）．

エントロピー S が大きいときは，とりうる状態の数 W も多いことがわかる．絶対温度が 0 K で，乱れのない完全な結晶の場合，原子・分子レベルで状態数が 1 と仮定できる．その状態では $W=1$ で，$S=0$ となる．これは**熱力学第三法則**といわれる．

　気体分子の分布を例にして，状態の数について考えてみる．図13-3は数個の気体分子が左右で区別された2つの空間に分布する様子を示している．$N=2$は気体分子の数が2個の場合である．左に1個と右に1個それぞれある場合は，分子が入れ替わった場合も含めて2通りの場合とする．左側の空間に2個ある場合と右側に2個ある場合を含めると合計4の状態数である．$N=4$で$W=16$，$N=6$だと$W=64$になる．私たちが日常的に扱う物質の量が1 mol程度だとすると，$N=6.02\times10^{23}$個ぐらいの粒子数になる．Wはより膨大な数になることが想像できる．

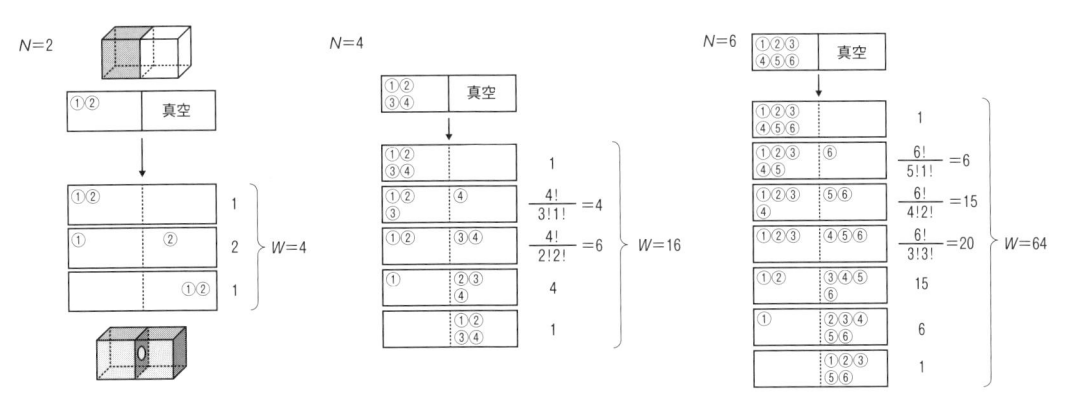

図13-3　気体分子が空間に分布する様子

表13-1　左右どちらかに N 個全部ある場合と左右の空間に半分
ずつある場合の比較

N	$W = 2^N$	左にN個	左右に半分ずつ	右にN個
2	4	1	2	1
4	16	1	6	1
6	64	1	20	1
10	1,024	1	252	1
20	1,048,576	1	184,756	1

　状態の数を意識すると，たくさんの粒子が空間内で分布する様子について，変化の方向性がみえてくる．左右の空間どちらかに N 個全部ある場合と左右の空間の両方に半分ずつある場合を表 13-1 で比べた．N 個が偏っている状態の W よりも，左右の空間に半分ずつ分散している状態の W の方が大きい．この差は後者の状態をとる確率が高いことと対応する．

　左側に N 個が偏っている状態から左右の空間に半分ずつ分散している状態への変化は自然な流れに感じられる．一方，その逆方向の変化が起こる確率はとても低く，自然にそうなる様子は想像しづらい．この W の差は粒子数 N が大きくなるほど大きくなり，とりやすい状態が明確になり，変化の方向性もはっきりする．「覆水盆に返らず」は容器に入っていた水がこぼれた際，すべての水分子をもとの容器に回収することの難しさを表現している．こぼした水が容器外に飛び散るのは容易だが，その逆の変化は実現しづらい．変化に方向性があることがわかる．

13-3　相変化とエントロピー

　同じ物質であっても，分子レベルでの並び方や集まり方が異なると，固体や液体や気体といった違う状態になる．これらの状態が相互に変化することを**相変化**とか**相転移**という．相とは固体・液体・気体の三態を指すことが一般的だが，これら以外の集合状態を示す言葉を使って詳細に議論することも多い．

　水分子の集合状態の変化，相変化は日常的にみられる．冷凍室にある氷（固体，結晶）は，室温で放置すると水（液体）になる．この水をコンロで火にかけ沸騰させ続けると，水の量は減り続け，やがてなくなる．水分子は大気中へ飛んでいき，やがてすべての水が水蒸気（気体）になるためである．

　水は 0℃ で凍り，100℃ で沸騰することを私たちは知っている．この物理現象の表現には色々ある．水の凝固点は 0℃ で，沸点は 100℃ である，とか氷の融点は 0℃ で，水は 100℃ で気化する，とか水は 0℃ で結晶化し，水蒸気は 100℃ で凝集（液化）する，とかである．温度上昇の過程を意識した言葉と冷却過程を述べている言葉の両方がある．いずれにせよ，相変化を議論する際は，微視的な視点での整列⇔バラバラの程度が，分子の集合状態のイメージと重ねて意識されている．水の場合を図 13-4 に示す．

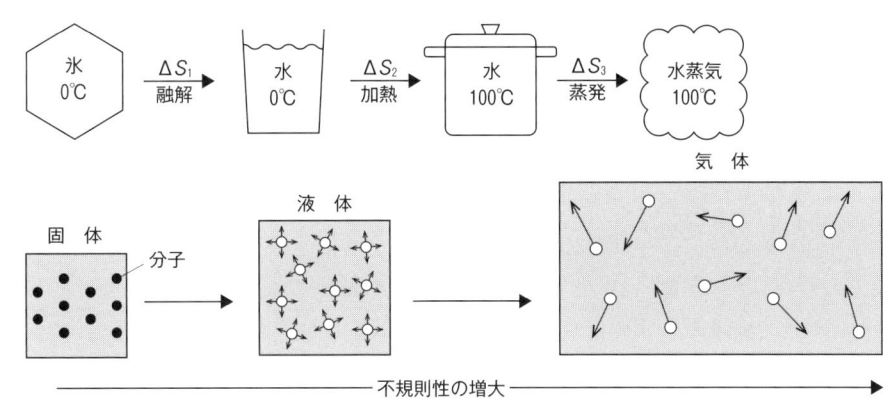

図 13-4　水の三態と分子の集合状態

　エントロピーの大小を直感的に考えてみよう．分子が整列している結晶状態の固体と分子がバラバラになって広い空間を飛び回っている気体では，後者の方がバラバラ度合いが大きく，エントロピーの値が大きい．液体では，分子は集まっている（凝集している）が，整列はしていない．液体のエントロピーは固体よりも大きく，気体よりは小さい．

　水を加熱して温度が上がる過程を考える．やがて 100℃ になり，水がぐつぐつと泡を出して沸騰しているとき，液体の水からは表面だけでなく内部からも気体が出てきている．液体を構成する水分子が，気体の水蒸気に次々と変化している．このときの水は，加熱中でも 100℃ のままである．加えた熱エネルギーは，液体中で集まっている水分子どうしをつなぐ結合（水素結合）を切るのと，大気中に飛び出す水分子の運動エネルギーに使われる．

　ちょうどこの 100℃ という温度は，水分子の液体と気体が混在できる温度である．エントロピーの効果だけを考えると，1 個 1 個の分子がバラバラに飛び回っている気体状態へどんどん変化する方向が自然の流れに思えるかもしれない．しかし，日常の大気圧下においては水は 100℃ よりも低い温度では凝集している．分子どうしがつながる（水素結合を形成する）ことで，安定化の効果を得ているためである．分子間の結合形成で ΔH がマイナスになる効果が，分子がバラバラバラになることによる ΔS がプラスになる効果よりも，100℃ よりも低い温度では優先されていることがわかる．

　ギブズの自由ネルギー変化を示す式を思い出そう．$\Delta G = \Delta H - T \times \Delta S$ の右辺の第 1 項「ΔH」を**エンタルピー項**，第 2 項「$- T \times \Delta S$」を**エントロピー項**という．両者を比べながら ΔG への影響を考えるとわかりやすい．エントロピー項には絶対温度 T が ΔS とのかけ算で含まれている．ΔG へのエントロピー項の影響は，高い温度で大きいことがわかる．つまり 100℃ よりも高い温度で水分子がバラバラに飛び回る気体状態であることは，エンタルピー項よりもエントロピー項が優先して効いていることと対応する．

【例題 13-1】 物質 A～D が，以下の (a)～(d) のように，ある状態から自発的に変化するかどうか考える（大気圧下でのある温度における等温過程とする）．その際のエンタルピー変化をそれぞれについて右に記した．(a)～(d) の変化のうち，明らかに自発的に進むものはどれか．

(a) 沸点よりも高い温度において液体 A が気体になる変化　　　　　$\Delta H = +10 \, \text{kJ/mol}$

(b) 凝固点よりも高い温度において液体 B が固体になる変化　　　　$\Delta H = -20 \, \text{kJ/mol}$

(c) 室温において粉末の C が水と混ざり，C の水溶液ができる変化　$\Delta H = -30 \, \text{kJ/mol}$

(d) 融点よりも低い温度で固体 D が液体になる変化　　　　　　　$\Delta H = +15 \, \text{kJ/mol}$

〈解答〉 構成粒子の集合状態の違い（相変化）を考えると，エントロピーの増減が想像できる．固体の場合が，粒子の並び方の状態数が最も少なく，エントロピーが小さい．液体，気体の順で構成粒子のとりうる状態数が増える．つまり，(a)，(d) では $\Delta S > 0$ であり，(b) は $\Delta S < 0$ である（Δ は変化後の値から変化前の値を引いた値である）．(c) は溶質と溶媒が別々だった状態から，溶媒中で溶質が分散している溶液に変化した．C は水分子と混ざり，分子レベルでバラバラになった．つまり，$\Delta S > 0$ である．

12 章の式 12-1 の $\Delta G = \Delta H - T \times \Delta S$ にあるように，絶対温度 T に関わらず，常に $\Delta G < 0$ になるためには，$\Delta S > 0$ かつ $\Delta H < 0$ であればよい（絶対温度 T は常に正の値）．よって温度に関わらず (c) は $\Delta G < 0$ である．

(a)，(d) では $\Delta S > 0$ なので温度 T の値によっては $\Delta G < 0$ になれる．エントロピー項の効果がエンタルピー項の $\Delta H > 0$ の効果を上回るためには相変化する温度よりも高い温度である必要がある．よって，(a) の場合が $\Delta G < 0$ である．

(b)では $\Delta H < 0$ なので，エンタルピー項は自発的に変化する方向に効果をもつが，エントロピー項の「$-T \times \Delta S$」を考えると，$\Delta S < 0$ であり，かつ絶対温度 T は相変化する温度よりも高い．エントロピー項がプラスの値で大きくなり，絶対値でエンタルピー項を上回ると考えられる．その結果，$\Delta G > 0$ になる．

$\Delta G < 0$ となる (a) と (c) が自発的に進む変化である．

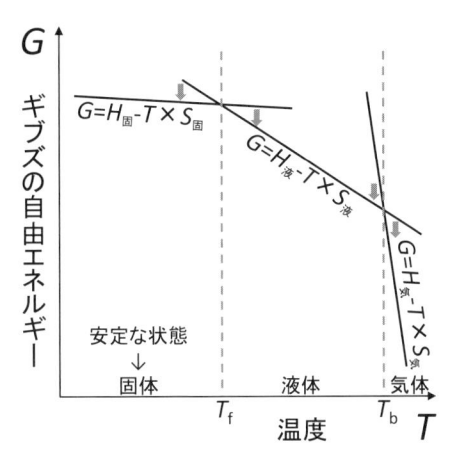

図 13-5　温度による状態変化とギブスの自由エネルギー変化

　図 13-4 のように，1 気圧の一定圧力下で，水が相変化する様子を図 13-5 から考えてみる．図 13-5 の横軸は温度で，縦軸は物質がもつギブスの自由エネルギーである．横軸にある T_f は凝固点を，T_b は沸点を示している．温度によるギブスの自由エネルギーの変化が，固体，液体，気体それぞれの場合について，温度 T の 1 次関数（直線）で表現されている．固体，液体，気体それぞれの状態での分子の集合状態があり，これらに対応したエンタルピー $H_{相}$ とエントロピー $S_{相}$ が想定されている．温度の変化にともないギブスの自由エネルギーの値がより小さい状態が選ばれた結果，相変化が起きている様子がわかる．図 13-5 の小さい下向きのグレーの矢印が示すように，T_f より低い温度では固体の直線が小さい値をとるが，温度が T_f を超えると液体の直線が最も下になる．T_b よりも高い温度になると気体の直線が最も小さいギブスの自由エネルギーの値を与えていることがわかる．最も右側にある下向きのグレーの矢印は，例題 13-1 の（a）の自発的な変化と対応している．

Column ボルツマン

　ボルツマンはヨーロッパ，オーストリアの人で，百年ちょっと前（1906年）に亡くなりました．当時，よくわからなかった温度や熱，物質と関わる現象について，初めて原子・分子レベルで明快に説明した人です．彼の考えの根拠は「物質は小さな粒子からできている」というものでした．今では，原子や分子の存在は当たり前ですが，ボルツマンの生きた時代は違います．当時の偉い権威からは「目に見えない粒子に基づく仮説なんて実証的でないからダメだ」としてなかなか認められませんでした．恩師や友人を失ってからは孤独になり，精神的疲労や視力の衰え，喘息，頭痛に悩まされ，やがて鬱になり62歳で自殺したそうです．今では世界中の人々が彼の理論を学び，複雑にみえる多様な現象を簡単に理解する助けにしています．

　石油を燃やして熱エネルギー得るとき二酸化炭素が排出されて地球を覆っていきます．コップからこぼれた水はすべてを元に戻すことはできません．部屋は放っておくと散らかっていきます．死んだ人は生き返りません．これらは全く関係がないようにみえますが，理解の助けとなる共通したものの見方があります．「**エントロピー**」（乱雑さ）の増大です．ボルツマンはこの考え方を，原子や分子の小さな世界だけでなく，私達の日常生活でも数量で活用できるように，統計力学の土台をつくりました．お陰で，私たちの生活はより便利で，わかりやすいものとなっています．皆さんも，生化学や情報科学を学ぶときだけではなく，エネルギーや環境問題を考える際も，ボルツマンからの恩恵を受ける場面があると思います．

　ボルツマンは自分の頭の中にある考えをすべて表現しきって，悔いなく人生を終えたのでしょうか．わかりませんが，つらく苦しかったであろう晩年でしたから，もしかして新しいアイデアを伝えることができず，頭の中に残したまま，この世を去ったかもしれません．そうでなかったとしても，もし何らかの助けがもっと得られて，ボルツマンに家族や友人と過ごす時間がもっとあったなら，周囲により多くの思い出や誇りを与えられたかもしれません．

　本書は医療系の基礎教育を目的にしています．皆さんの多くは将来，つらい思いをしている人とかかわる仕事をすることでしょう．病気を含めた厳しい現実に耐えている人を助けることは，その場，その時，その人のためだけでなく，その後の世界に影響を与える重要な行為でもあるかもしれません．

第14章

系と外界，熱と仕事，
熱力学の枠組み

> **目的**：内部エネルギーが，系と外界の間で，熱や仕事の形態で移動する様子をイメージし，
> 変化前と変化後のエネルギー差を熱と仕事に分けて考えられるようにする．
>
> **要点**：注目している議論の対象を「系」という．それ以外を「外界」といい，区別する．変
> 化の前後では，系と外界の間でエネルギーの移動が起こる．その際，エネルギーは仕
> 事や熱の形態でやりとりされる．系（物質）が内包しているような，そもそものエネ
> ルギーを内部エネルギーといい，Uで表現される．

14-1 系と外界

　熱力学第一法則の説明にあるように，変化が起こる際，「**熱**」や「**仕事**」のように形態は違うが，
エネルギーはある場所から別の場所に移動するだけで，全体では減ったり増えたりしない．そこ
で，空間や物質をエネルギーの移動元と移動先で分けられるようにしておくと便利である．混合
液内で分散している異なる化学種ごとにエネルギーのやりとりを考える場合もある．

　エネルギーの増減を変化前と変化後で議論する際，注目している物質（やそれが存在する空間）
とそれ以外を分けて，前者を「**系**」，後者を「**外界**」と呼ぶ．図 14-1 のように，気体の入ったピ
ストン付き容器を加熱すると，気体の温度は上がり，ピストンが押し出されて，気体の体積が増
加する．ここでは，ピストン容器内部の気体に注目しており，その気体を「系」としている．そ
れ以外は「外界」である．加熱する前が「変化前」である．「系」が熱エネルギーを「外界」から
得て，温度上昇・体積増加した後が「変化後」である．

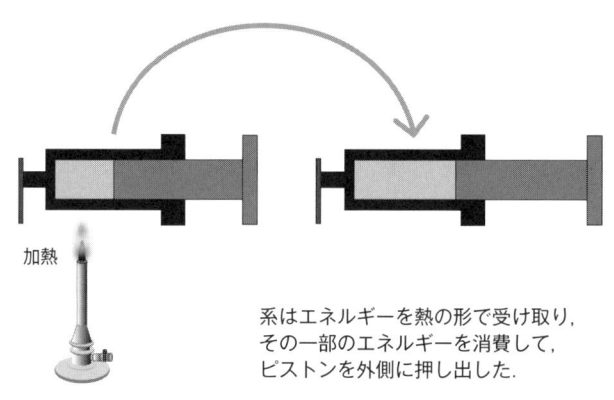

加熱

系はエネルギーを熱の形で受け取り,
その一部のエネルギーを消費して,
ピストンを外側に押し出した.

図 14-1　加熱でピストンが動く様子

14-2　熱と仕事

　ここでやりとりされるエネルギーは「熱」と「仕事」に区別して考えることができる. 加熱によって系である気体に加えられた「熱」のエネルギー量を q とする. 同時に, 系の気体は体積を増やして, ピストンを押し出す「仕事」をする. この仕事で系が得たエネルギー量は $-w$ になる (系はこの仕事でエネルギーを失っているのでマイナスが付く). 加熱によって外界から系にもたらされたエネルギー q のうち, 系に残るエネルギーは $q+(-w)$ である. 気体が仕事をして失ったエネルギー (の値の絶対値) w は外界に移動する. この w はピストンを動かして外界を押した際に系が消費したエネルギーに相当する.

　図 14-1 の変化で系がした仕事 w の量はエネルギーと同じ単位 J (ジュール) で示され, 大気圧に抗して体積を増やした分として, 圧力 $[N/m^2]$ × 増加した体積 $[m^3]$ で計算できる. 圧力の単位 N/m^2 は, 単位面積 $[m^2]$ あたりの力 (ちから) $[N (ニュートン)]$ で, Pa (パスカル) と同じである.

【例題 14-1】　ピストン付き容器に気体を入れた. 加熱して 500 J のエネルギーを気体に与えたところ, 気体の体積が増加した. その際, ピストンを押し出す仕事で 100 J 分のエネルギーが消費された. 気体の温度上昇に使われたエネルギーは何 J か.

〈解説〉　$q=500$ J と $w=100$ J より $q+(-w)=400$ で, 400 J となる.

【問題 14-1】　滑らかなピストン付き容器に 1.00 atm (=1.013×10^5 Pa) の気体が 2.00 L 入っていて外圧 (大気圧) とつりあっている. 加熱したところゆっくりピストンが移動し, 5.00 L まで膨張したところで再びつりあった. このとき気体がした仕事はいくらか.

14-3　内部エネルギーとエンタルピー

　系がもつ全エネルギーを内部エネルギーといい，Uで示される．図 14-1 の変化において，系では，外界から得た熱のエネルギー q と仕事で失ったエネルギー $-w$ を足した $q+(-w)$ だけ，U が増加している．これを式で表現すると，

　　式 14-1　$\Delta U = q + (-w) = q - w$

となる．Δ は変化分を表し，変化後の値から変化前の値を引いた差である．式 14-1 を変形すると $q = \Delta U + w$ になる．これがエンタルピー変化（ΔH）として定義される．つまり，

　　式 14-2　$\Delta H = \Delta U + w$
　　式 14-3　$\Delta H = q$

である．内部エネルギー変化（ΔU）に仕事の影響（w）を含めると，エンタルピー変化（ΔH）になる．生命現象を含む私たち周辺の変化は通常，一定の大気圧下での変化で体積の変化をともなう．この場合は，式 14-2 のように仕事 w の効果が含まれているエンタルピー変化 ΔH を使う方が，ΔU で考えるよりも便利である．

14-4　エネルギー収支のプラスとマイナス

　4 章の熱化学方程式の例に挙げた以下の反応を考える．

$C(\text{graphite}) + O_2(g) = CO_2(g) + 394\ kJ$

　左辺に示されている炭素と酸素がある状態を変化前とする．これらが反応して，炭素が燃焼する．二酸化炭素が生じ，394 kJ の熱が発生した後を変化後とする．変化前の系は「炭素と酸素」で，変化後の系は「二酸化炭素」とすると，炭素の燃焼後，系から外界に 394 kJ の熱が出てくることがわかる．石炭（グラファイト）が燃えて，外界にいる私たちに暖かさが届くことと対応する．

　つまり，熱エネルギーは変化後，系から失われて外界に出ていった．変化前の系「炭素と酸素」がもつエネルギーと変化後の系「二酸化炭素」がもつエネルギー，両者の差が熱エネルギー q として系から失われたと考える．熱の出入り q はエンタルピー変化 ΔH なので，系のエネルギー差を変化後から変化前を引いて求めると，$\Delta H = -394\ kJ$ になる．熱化学方程式の右辺にある数値の符号はプラスだが，系のエンタルピー変化はマイナスの符号になる．エネルギー収支，つまり系のエンタルピー変化のプラス-マイナスは，熱化学方程式の右辺にある数値の符号と逆になっていることに注意する．エネルギー収支のプラスとマイナスは，「系」を財布，エネルギーをお金

に例えるとわかりやすい．プラスだと変化後に増加しており，マイナスだと減少している．

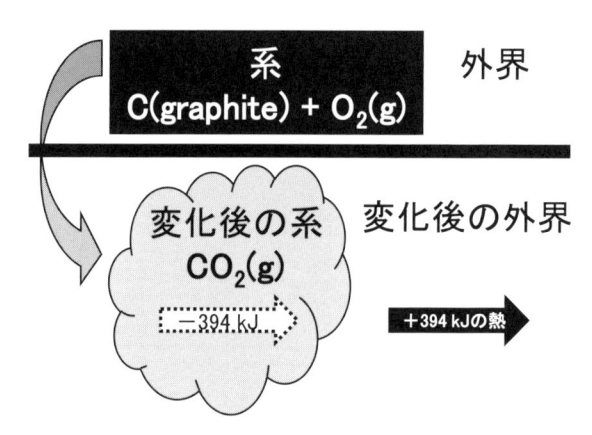

図14-2　変化前と変化後の系と外界

　25℃（298.15 K），1 atm を標準状態とし，この状態で最も安定な単体のエンタルピーを0とする．標準状態におけるエンタルピー変化を標準エンタルピー変化 $\Delta H°$ で表す．ある元素の最も安定な単体から，別の物質 1 mol が生じる反応の $\Delta H°$ をその物質の標準生成熱といい，$\Delta_f H°$ で表す．前述の熱化学方程式と図14-2 は 1 mol の二酸化炭素 CO_2 の標準生成熱 $\Delta_f H°$ が－394 kJ/mol であることを示している．左辺にあるグラファイトと気体の酸素分子は，炭素と酸素それぞれの最も安定な単体である．ほかの例を，物質 1 mol の標準状態でのエントロピー（標準エントロピー $S°$）の値とあわせて，表14-1 にまとめる．

表14-1　単体および化合物の標準生成熱と標準エントロピー

物　　質		状態	$\Delta_f H°$〔kJ/mol〕	$S°$〔J/K·mol〕
ダイヤモンド	C	固体（s）	1.90	2.44
グラファイト	C	固体（s）	0	5.69
二酸化炭素	CO_2	気体（g）	－393.52	213.64
酸素	O_2	気体（g）	0	205.03
水素	H_2	気体（g）	0	130.59
水	H_2O	液体（l）	－285.83	69.94
窒素	N_2	気体（g）	0	191.49
二酸化窒素	NO_2	気体（g）	33.2	240.0
四酸化二窒素	N_2O_4	気体（g）	9.2	304.2
アンモニア	NH_3	気体（g）	－46.11	192.45
メタン	CH_4	気体（g）	－70.85	186.19
エタン	C_2H_6	気体（g）	－84.67	229.49
エチレン	C_2H_4	気体（g）	52.28	219.45
ベンゼン	C_6H_6	液体（l）	49.04	124.50

【例題 14-2】　鉄がさびる現象は，次の反応式 ① で表される．各物質の標準エントロピーと標準生成熱を下に記す．反応式 ① の係数の数値に対応する物質量，鉄 4 mol と酸素 3 mol が反応するとして，以下の問に答えなさい．

反応式 ①　　　　　　　$4Fe$(固体) $+$ $3O_2$(気体) $\rightarrow$ $2Fe_2O_3$(固体)

$S°$〔$JK^{-1}\,mol^{-1}$〕　27.3　　　　205.0　　　　87.4

$\Delta_f H°$〔$kJmol^{-1}$〕　0　　　　　　0　　　　-824.2

(1) 標準エントロピー変化（標準反応エントロピー）を計算しなさい．

(2) 標準エンタルピー変化（標準反応熱）を計算しなさい．

(3) 1 atm, 25℃（標準状態）のときの，式 ① の標準状態でのギブズの自由エネルギー変化の値は正負どちらになるか．

(4) 標準状態のもとでこの変化は自発的に起こるか．

〈解説〉

(1) 各物質の値に反応式の係数をかけ，右辺の値から左辺の値の和を引く．答えは $-5.49×10^2$ JK^{-1} になる．

(2) $-1.65×10^3\,kJ$

(3) $\Delta G = \Delta H - T×\Delta S$ の ΔS に（1）の答えを，ΔH に（2）の答えを，T には 298〔K〕を代入する（25℃は絶対温度で 298 K である）．エントロピー項のかけ算の結果を，エンタルピー項の単位〔kJ〕に揃えて計算すると $-1.48×10^3\,kJ$ ぐらいになる．マイナスの値になる．

(4) 前問（3）より $\Delta G < 0$ なので，自発的に起こる．

【問題 14-2】　四酸化二窒素の分解反応（$N_2O_4 \rightarrow 2NO_2$）の標準エンタルピー変化 $\Delta H°$ を求めよ．表 14-1 の値を使用すること．また，これは吸熱反応か，発熱反応か答えなさい．

14-5　熱とエントロピー

エントロピー変化 ΔS は式 14-4 のように絶対温度 T と熱 q との関係でも示される．

式 14-4　$\Delta S = q/T$

　一定温度のまま，加熱が行われた 100℃の水の例（13 章の図 13-6 の相変化）を思い出そう．水分子が凝集している液体の状態から，水分子がバラバラになって飛び回る気体の水蒸気にどんどん変化している．一定温度 T のまま，加えられた熱量 q に対応して，エントロピー S が増加している様子は，式 14-4 の熱とエントロピーの関係と重なる．

　熱力学の枠組みはよくできていて，ギブズの自由エネルギー G，内部エネルギー U，エンタルピー H，エントロピー S，絶対温度 T，圧力 P，体積 V，熱 q と仕事 w の関係がシンプルに整理されていて，計算可能になっている．

【例題 14-3】　0℃，1 atm で水 1.00 mol が凝固するときのエントロピー変化を計算しなさい．ただし，水の融解熱（水 1 mol が凝固する際に発する熱）は 6010 J/mol である．

〈解説〉　熱の出入りは -6010 J で，そのときの絶対温度は 273 K である．この値を式 14-4 に代入すると

$$\Delta S = q/T = -6010 \text{ J}/273 \text{ K} = -22.0 \text{ J/K}$$

エントロピー変化は -22.0 J/K である．

【問題 14-3】　100℃，1 atm で水 1.00 mol が蒸発するときのエントロピー変化を計算しなさい．ただし，水の蒸発熱（水 1 mol が蒸発する際に必要な熱）は 40700 J/mol である．

Column エネルギーの単位，カロリーとジュール

　先日，コンビニでアイスクリームを買ったら，包装フィルムに「エネルギー 320 kcal」と印刷してあった．これを摂取することで，体に吸収されるエネルギー量が「cal（カロリー）」の単位で示されている（「k」は「キロ」と読み，1000 倍を意味する補助単位である．念のため，古い表示に「Cal」があり，kcal の意味で用いられていた．紛らわしいので気を付けること）．

　1cal は 1 グラムの水の温度を 1℃上げるのに必要な熱量で，約 4.184 J に相当する．1 J（ジュール）は，1 N（ニュートン）の力を 1 m（メートル）の距離だけ働かせたときに消費されるエネルギー量である．1 N の力は 1 kg の質量の物体に加速度 1 m/s^2 を与える力である．加速度が 1 m/s^2 のとき，速度は 1 s（秒）で 1 m/s だけ増える．物理の枠組みはよくできていて，質量，時間，距離，速度，加速度，力，エネルギーの関係がシンプルに整理されていて，計算可能になっている．

　図 14-1 の気体がした仕事 w が，ピストンを押し出すのに消費したエネルギーとして，圧力×体積変化で計算できた．私たちヒトも運動することによって体内のエネルギーを消費する．エネルギー 320 kcal は，60 kg ぐらいの体重の人なら，2 時間程度の歩行運動に相当する．体内の筋肉が力を働かせて，エネルギーを消費している様子がイメージできるだろう．

　私たちは恒温動物で，体温を外界よりも高い温度で維持しており，熱エネルギーを外界に放出している．実際の生命現象では，単純な力の仕事や熱の放出というよりは，精密に組み合わさった多くの化学反応にエネルギーが適切に配分され，それらが円滑に滞りなく進む結果，運動や体温維持ができる．

第 **15** 章

平衡定数とギブズの
自由エネルギー変化

目的：$RT \ln K = -\Delta G°$ の式から平衡定数 K と標準状態でのギブズの自由エネルギー変化
$\Delta G°$ の関係を確認する.

要点：反応に参加する物質の濃度は平衡状態になると一定になる. そのとき，出発物と生成
物の濃度比（平衡定数）は，反応前後でのギブズの自由エネルギーの差（ΔG）と関係
している.

15-1 正反応と逆反応

　水素 H_2 とヨウ素 I_2 が関わる可逆反応を反応式 15-1 に示す. 水素とヨウ素からヨウ化水素 HI
になる正反応と，ヨウ化水素から水素とヨウ素が生成する逆反応がともに起きている.

　　反応式 15-1　$H_2 + I_2 \rightleftarrows 2HI$

こうした可逆反応の進行中は，4 章の図 4-4 や問題 4-2 にもあるように，反応式の左辺にある出
発物と右辺にある生成物の両方が混在している. 図 15-1 のように，平衡状態に達したとき，出発
物と生成物の濃度は一定となる.

　仮に，反応の開始時が左辺に示される出発物，H_2 と I_2 のみの場合は，反応の進行にともない，
出発物は減少し，生成物が増加する. 図 15-1 左下からの矢印が示す通りである. これまでは，こ
うした左辺から右辺への一方的な反応の進行があたりまえだったかもしれない. が，現実の細胞
周辺の化学反応では，逆反応も同時に意識すると生命現象の微妙なバランスを理解しやすくなる.

　次に，反応の開始時が右辺（反応式 15-1）に示される生成物 HI のみの場合（反応式 15-1 の逆
反応）を考える. 図 15-1 左上からの矢印に示された通り，反応の進行にともない，HI は減少し，

H_2 と I_2 が増加する．最初に優勢な反応が正反応，逆反応どちらの場合であっても，最終的には平衡状態に達する．その状態では，反応式 15-1 の左辺と右辺にある物質が一定の割合で混在している．この状態は式 15-2 の平衡定数 K で示される．

絶対温度の単位 K（ケルビン）は斜体になっていない．ボルツマン定数の記号 k は小文字である．これらと平衡定数 K を混同しないこと．ボルツマン定数は k_B で表現されることもある．

式 15-2　$K = [HI]^2 / [H_2] [I_2]$

［　］内は，中に示される化合物のモル濃度〔mol/L〕を表す．平衡定数 K は反応式の右辺の値を左辺の値で割った値になっている．ただし，各辺に化学種が複数ある場合はそれらのかけ算とし，反応式の係数に応じた累乗にする．温度一定のとき，平衡定数 K の値は一定である．

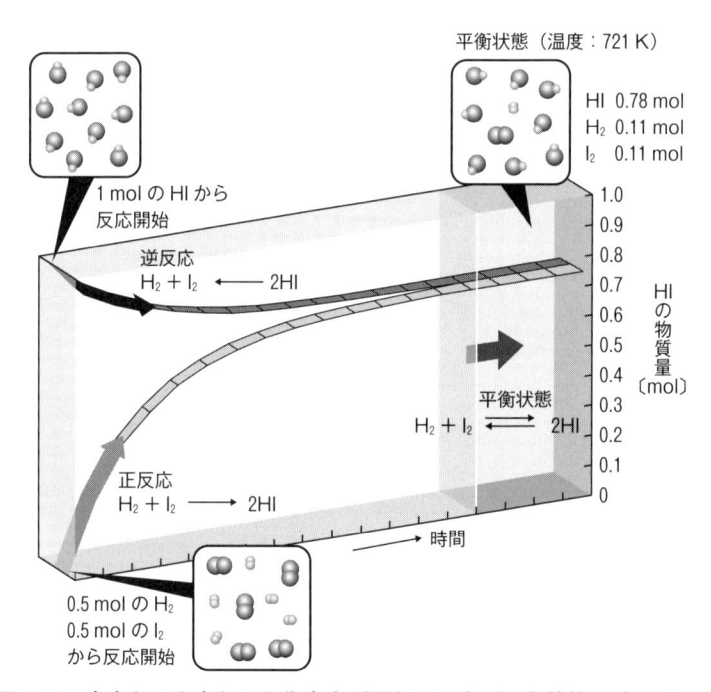

図 15-1　水素とヨウ素とヨウ化水素が関わる反応が平衡状態に達する過程

【問題 15-1】　ある温度において，図 15-1 の右側に示されているように，反応式 15-1 の反応が平衡状態に達した．そのときの HI，H_2，I_2 の物質量はそれぞれ 0.78 mol，0.11 mol，0.11 mol だった．容器の内容積は 1.0 L だとする．平衡定数 K を求めよ．

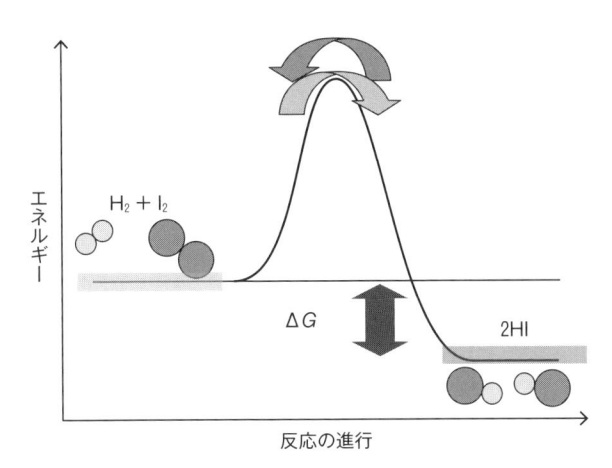

図 15-2　反応エネルギー図とギブズの自由エネルギーの差 ΔG

　図 15-2 の反応エネルギー図の縦軸はギブズの自由エネルギーである．反応式 15-1 の正反応は発エルゴン反応であることがわかる．左辺と右辺でのエネルギー差が ΔG で示されている．反応エネルギー図では反応の進行は左から右向きに示され，図 15-2 では正反応の向きが横軸の矢印と対応している．一方，逆反応については，図 15-2 では右から左への向きに対応する．正反応で乗り越える山の高さに比べ，逆反応で乗り越える山の高さは，ΔG の分だけより高いことがわかる．活性化エネルギー（反応エネルギー図の山の高さ）が低いほど反応は速やかに進行する．図 15-2 の場合，正反応の方が逆反応よりも反応の進行が速やかであることがわかる．

15-2　平衡状態とギブズの自由エネルギー変化 ΔG

　平衡状態では濃度の変化は生じない．これは，正反応で生成する HI と逆反応で失われる HI の単位時間あたりの量が同じためで，H_2 と I_2 についても同様である．ここで反応の進行度を元の量に対して単位時間あたりに減る割合とし，正反応と逆反応で分けて考える．元の物質の量が少なくても，反応の進行が速やかなら，その反応で単位時間あたりに減る量は多くなる．逆に反応の進行が遅くても，元の物質が多ければ，その反応で減少する量は単位時間あたりで多くなる．ちょうど，正反応と逆反応の両反応で，反応の進行度×元の物質の量（→単位時間あたりに増減する量）が同じ状態が動的な平衡である．「動的」という言葉は，出発物と生成物の濃度変化がなくなり，反応が止まったように見える（反応式 15-1 の「反応速度」はゼロになっている！）が，実際には正反応と逆反応の両方が起きている，という意味である．

　図 15-1 と問題 15-1 のように，平衡状態では H_2 と I_2 よりも，HI の方が濃度は高く，平衡定数 K の値は 1 よりも大きい．これは，図 15-2 で，出発物よりも，生成物は ΔG だけギブズの自由エネルギーが低いことと式 15-3 で関係づけられる．標準状態（25℃，1 気圧）でのギブズの自由エネルギー変化が $\Delta G°$（右上の° が標準状態を表す）で，平衡定数が K である．$\ln K$ は平衡定数 K

の自然対数で, T は絶対温度, R は気体定数（この章のコラム参照）である.

$$式 15\text{-}3 \quad RT \ln K = -\Delta G^\circ$$
$$K = e^{-\Delta G^\circ / RT}$$

ΔG° がマイナスで, 絶対値が大きいと, 平衡定数 K も大きいことがわかる. この場合, 左辺の出発物に比べ, 右辺の生成物の濃度がより高い状態で平衡状態になる.

【例題 15-1】　ある気体 A は, 次の化学反応式のように気体 B になる.

$$A \to B$$

絶対温度 400 K で平衡定数 K は 3.01 である. 関数電卓を使用して, 標準ギブズ関数 ΔG° を計算して求めよ. 気体定数は 8.314 J/(K・mol) である.

〈解説〉　$\Delta G^\circ = -RT \ln K$ の式を使って求める.

$-8.314 \, \text{J/(K・mol)} \times 400 \, \text{K} \times \ln 3.01 = -3.66 \times 10^3 \, \text{J/mol} = -3.66 \, \text{kJ/mol}$

【問題 15-2】　ある気体 C は, 次の化学反応式のように気体 D になる.

$$C \to D$$

絶対温度 400 K での平衡定数 K を, 関数電卓を使用して求めよ. 標準ギブズ関数 ΔG° は -2.42 kJ/mol で, 気体定数の値は例題 15-1 と同様とする.

15-3　酸性の性質を表す指標

　化学平衡の例として, 酸と塩基が水溶液中にあるときの平衡がある. 生命現象を理解するうえで, 体内での酸と塩基のバランスを意識することは重要である. 酸性の強さの程度を示す指標として, 酸性度定数 K_a と水素イオン濃度指数 pH がある. 前者は物質の種類ごとに用いられ, 後者は色々な物質が混合した水溶液全体について用いられる.

　ここでの酸・塩基の定義はブレンステッド-ローリー（Brønsted-Lowry）の定義に基づく. つまり, 酸（HA）はプロトン（H^+）を与え, 塩基（B）はプロトンを受け取る. この様子をイオン反応式 15-4 と 15-5 で示す.

　イオン反応式 15-4　$HA \to H^+ + A^-$

　イオン反応式 15-5　$B + H^+ \to BH^+$

　次に, 酸（HA）が水溶液中にあるときの酸-塩基平衡を可逆反応式 15-6 で示す.

可逆反応式 15-6　$HA + H_2O \rightleftarrows A^- + H_3O^+$

ここでは，左辺から右辺への正反応において，HA が A^- になることで，H^+ を放出し，HA が酸として働いている．逆に，右辺から左辺への逆反応においては，A^- が H^+ を受け取り HA になって，A^- が塩基として働いている．この可逆的な変化のバランスを示す平衡定数 K は式 15-7 で示される．

式 15-7　$K = [A^-][H_3O^+]/[HA][H_2O]$

カッコ [　] 内はその化学種のモル濃度である．希薄な水溶液の場合，溶媒の水 H_2O がほとんどを占める．この場合，酸が関わる反応の平衡について，$[H_2O]$ を除いて式 15-8 のように酸性度定数 K_a を考えると，HA の酸としての性質の強さがわかりやすくなる．

式 15-8　$K_a = [A^-][H_3O^+]/[HA]$

この酸性度定数 K_a は，10 を底とした常用対数にマイナスの符号をつけた pK_a として用いられることが多い．つまり，pK_a は $-\log K_a$ である．

　実際の溶液に適用する際は，式 15-8 でモル濃度の代わりに活量を用いる．活量はモル濃度に条件に応じた活量係数をかけて得られる．その結果，熱力学の考え方を適用しやすくなり，ギブズの自由エネルギー G と K_a の関係が明確になる．混合液が対象の場合，化学種ごとにエネルギーを考える必要があり，構成成分の化学種ごとに化学ポテンシャルという量を用いる．この化学ポテンシャルに物質量をかけた値の化学種ごとの総和が，その混合液のギブズの自由エネルギー G に相当する．

【例題 15-2】　塩化水素 HCl の水溶液である塩酸の pK_a は -7.0 で，酢酸 CH_3COOH の水溶液の場合は 4.76 である．
(1) 塩酸が酸として働く様子を可逆反応式 15-6 のように記せ．
(2) 酢酸が酸として働く様子も (1) と同様に可逆反応式で示せ．
(3) 平衡状態の塩酸中で，塩化水素分子と，それが H^+ を放出してできた塩化物イオン Cl^- とを比べて，どちらの数がより多く存在するか？
(4) 平衡状態の酢酸水溶液中で酢酸分子と酢酸イオンのどちらがより多く存在するか？
(5) 塩酸と酢酸水溶液でどちらの方がより強い酸か？

〈解説〉　(1) $HCl + H_2O \rightleftarrows Cl^- + H_3O^+$
(2) $CH_3COOH + H_2O \rightleftarrows CH_3COO^- + H_3O^+$
(3) pK_a が -7.0 なので K_a が 10^7 であることがわかる．
$$10^7 = \frac{[Cl^-][H_3O^+]}{[HCl]}$$
式 15-8 の右辺の分母に相当するのが塩化水素 HCl の濃度 [HCl] である．この

値が式 15-8 の右辺の分子に相当する $[Cl^-][H_3O^+]$ よりも小さいと，K_a の値は 1 よりも大きくなる．この値が $10,000,000$ になる平衡状態では，ほとんどの HCl が解離して Cl^- になっていることがわかる．

(4) pK_a が 4.76 なので K_a は 1.74×10^{-5} 程度になる（関数電卓を使用して求める）．K_a が 1 よりも小さいことがわかる．式 15-8 の分数で，分母の値＞分子の値となる．つまり，$[CH_3COOH] > [CH_3COO^-][H_3O^+]$ である．平衡状態では，多くの CH_3COOH が解離せず，生成する CH_3COO^- と H_3O^+ の割合は高くないことがわかる．

(5) プロトン（H^+）を与える能力が高く，多くの H_3O^+ を生成するのは，HCl の方である．

水溶液の性質の 1 つの指標になる酸性・中性・塩基性の度合いは pH の値で示される．これは可逆反応式 15-9 のように，水が可逆的に解離する変化と関わる．

可逆反応式 15-9　$2H_2O \rightleftarrows H_3O^+ + OH^-$

この可逆反応式 15-9 の右辺にあるイオン 2 種類は，式 15-10 で示される条件で存在する．

式 15-10　$K_w = [H_3O^+][OH^-] = 1.00 \times 10^{-14}$

右辺の値は水のイオン積といわれ，25℃の水溶液についての値である．$[H_3O^+]$ と $[OH^-]$ の積が一定である．$[H_3O^+]$ と $[OH^-]$ の値が同じ場合，その溶液は中性である．$[H_3O^+] > [OH^-]$ のとき酸性で，$[H_3O^+] < [OH^-]$ のとき塩基性である．pH は式 15-11 で示される．

式 15-11　$pH = -\log[H_3O^+]$

【問題 15-3】　ある水溶液の水酸化物イオン OH^- の濃度を調べたら 1.00×10^{-12} mol/L だった．25℃だったとして，この水溶液の pH を求めなさい．

水溶液全体の pH は，ヘンダーソン-ハッセルバルヒの式（Henderson-Hasselbalch equation, 式 15-12）を用いて，水溶液を構成する化学種の K_a からわかる．

式 15-12　$pH = pK_a + \log([A^-]/[HA])$

pH が変化しにくい緩衝液の pH がわかる．

【例題 15-3】　酢酸 4.0×10^{-3} mol と酢酸ナトリウム 2.0×10^{-3} mol を混ぜ 1.0 L の混合溶液にした．関数電卓を使用して，この溶液の pH を求めよ．ただし，酢酸の pK_a は 4.76 とする．

〈解説〉　式 15-12 を使う．加えた酢酸ナトリウムはすべて解離して，酢酸イオンになると考える．つまり，酢酸イオンの濃度は酢酸ナトリウムの濃度と同じとして，式 15-12 の [A$^-$] に代入する．一方，酢酸は解離する割合が小さいので，加えたときの濃度をそのまま式 15-12 の [HA] に用いる．酢酸イオンの濃度 $(2.0 \times 10^{-3}$ mol/L$)$/酢酸の濃度 $(4.0 \times 10^{-3}$ mol/L$)$ は 0.50 である．$4.76 + \log 0.50$ より，pH は 4.46 となる．

Column　ボルツマン定数 *k* と気体定数 *R*

　熱やエネルギーについては，熱力学という物理の一分野にまとめられている．科学の世界では色々な種類の物理量（長さ，体積，時間，質量，力，エネルギーなど）が共通して用いられ，つじつまが合うように関係づけられている．力（ちから）と距離や，質量 m と速度 v でも表現できたエネルギー（運動エネルギーは $mv^2/2$ になる）が，式 15-3 では絶対温度と平衡定数，気体定数で表現されている．平衡定数は分子レベルの微視的な視点から見た変化と関わり，絶対温度は目に見えない熱の出入りと関わる．日常的な視点で理解しやすい力学的なエネルギーの考え方が，ミクロの世界でも使用可能になっている．

　分子がアボガドロ数 (6.02×10^{23}) 個程度の膨大な個数の集団になって，物質として人が実際に手で取り扱える量になる．こうした日常的な場面をマクロの世界としよう．分子を数個単位で考える，微視的な視点から眺めたミクロの世界は，マクロの世界と分けて考えることが多い．この 2 つの世界の懸け橋になる考え方は統計力学にまとめられている．

　気体の体積 V〔m^3〕と絶対温度 T〔K〕と圧力 p〔Pa〕の関係は気体の状態方程式 $pV = nRT$ でシンプルに表現できる．R〔J/(K·mol)〕は気体定数で，n はその気体の物質量〔mol〕である．この式は，対象物質が理想気体とみなせる条件で成り立つ．〔　〕内は単位を表す．圧力の単位 Pa（パスカル）は N/m^2 と同じである．ここではよく使われる単位を使用するが，違う単位が使用される場合もある．適切に変換して用いれば整合性に問題はない．

　物理量，体積・温度・圧力は日常的に計測しやすく，容易に実験で確認できる．物質量についても，気体分子がアボガドロ数程度以上集まった，数 mol 程度以上の物質なら，数 g（グラム）程度以上になり，人が実際に手で扱える量になる．こうしてマクロの世界での実験で確認できる気体の状態方程式は，ミクロの世界では（微視的な視点からは）どのように理解されるのだろうか．

　13 章でエントロピーを示す式 13-1 に含まれていたボルツマン定数 k〔J/K〕は，気体定数 R〔J/(K·mol)〕をアボガドロ定数 N_A〔1/mol〕で割った値 $(k = R/N_A)$ である．これを用いると気体の状態方程式は，$pV = (nN_A) \times kT$ になる．カッコ内の nN_A は気体分子の個数に対応する．気体分子の個数が 1 個の場合，$pV = kT$ となる．分子レベルの微視的な

視点で圧力や温度を考える際，ボルツマン定数 k が鍵になってくる．

　圧力 p は，速度 v で運動する質量 m の粒子が壁に衝突するためと考える．粒子 N 個について，3 次元空間にあることと，粒子 1 個の運動エネルギーが $mv^2/2$ であることより，$p = Nmv^2/(3V)$ になる．ここでの v^2 の値は平均値である（詳細は統計力学の教科書を参照）．前段落の式とあわせて，粒子 1 個あたりの平均運動エネルギー（$mv^2/2$）は $(3/2)\,kT$ になる．理想気体において，絶対温度 T は構成粒子の平均運動エネルギーに比例することがわかる．ボルツマン定数によって，絶対温度が運動エネルギーと関連づけられている．

　物質量 1 mol を構成する粒子数の値を，アボガドロ定数 N_A〔1/mol〕として，単位のシステムに組み込んで使用する場合，単位をつけて示す．これまでに出てきたようにアボガドロ数というときは単位をつけずに使用している．

第 16 章

酸・塩基とホメオスタシス

目的：酸と塩基の考え方を身につけ，pH を理解する．体内でバランスを維持して存在する
物質群を知る．

要点：水のイオン積 $1.0 \times 10^{-14} \, \text{mol}^2/\text{L}^2$ を前提に，水素イオンのモル濃度 $[\text{H}^+]$ と pH $(-\log [\text{H}^+])$ の関係を確認する．水素イオンを例にして，濃度が体内で濃度のバランスが維持されるシステム（ホメオスタシス）について理解を深める．

16-1 水分子の電離と pH

次のように，水分子 H_2O は電離すると H^+ と OH^- を生じる．

$$\text{H}_2\text{O} \rightleftarrows \text{H}^+ + \text{OH}^-$$

　水溶液の主成分である水が電離して生成するイオン 2 種類のバランスは，水溶液中に溶けている物質（溶質）の影響で変化する．その結果，水溶液は酸性〜中性〜塩基性の性質をもつ．H^+ の数が OH^- よりも多い場合，その溶液は**酸性**である．逆に OH^- の数が H^+ よりも多い場合は**塩基性**（アルカリ性）である．両者の濃度が同じなら，その物質は**中性**である．

　25℃の中性の水は，H^+ と OH^- の濃度がともに $1.0 \times 10^{-7} \, \text{mol/L}$ である．同じ温度なら，酸性か塩基性になっても，H^+ と OH^- の濃度の積は一定である．つまり，25℃で**水のイオン積**は $1.0 \times 10^{-14} \, \text{mol}^2/\text{L}^2$ である．例えば，この温度の水溶液で，H^+ の濃度が $1.0 \times 10^{-3} \, \text{mol/L}$ なら，OH^- の濃度は $1.0 \times 10^{-11} \, \text{mol/L}$ になる．

　酸性度を示す pH（ピーエイチとかペーハーという）は $-\log [\text{H}^+]$ の値である．つまり，中性の水の pH は 7 で，前述の H^+ のモル濃度（$[\text{H}^+]$ で表す）が $1.0 \times 10^{-3} \, \text{mol/L}$ の水溶液の pH は 3

である.

対数計算の復習：$\log_2 8 = \log_2 2^3 = 3$ であり，$\log_3 9 = \log_3 3^2 = 2$ である．底が 10 の場合は，常用対数として，10 が省略される場合が多い．$\log_{10} 1000 = \log_{10} 10^3 = 3$ であり，$\log 0.01 = \log 10^{-2} = -2$ である．

【例題 16-1】 25℃ の水溶液があり，OH^- の濃度が 1.0×10^{-10} mol/L だった．この水溶液の pH を求めよ.

〈**解説**〉 水のイオン積が 1.0×10^{-14} mol^2/L^2 で一定なので，$[H^+] \times [OH^-] = 1.0 \times 10^{-14}$ mol^2/L^2 である．また，$[OH^-] = 1.0 \times 10^{-10}$ [mol/L] なので，$[H^+] = 1.0 \times 10^{-4}$ [mol/L] になる．$pH = -\log[H^+] = -\log(1.0 \times 10^{-4}) = 4$ となり，pH は 4 である.

16-2 ホメオスタシス

　ヒトが生命を維持するには，体内でエネルギーを使って生命活動が行われる．この体内でつくられたり使われたりする最も重要なエネルギーが，化学エネルギーである．化学エネルギーとは原子や分子どうしを結びつけているエネルギーのことで，原子や分子がくっついたり離れたりすることを化学反応という．こうした化学結合の生成と開裂には化学エネルギーが関与する．原子や分子でできている物質には，化学エネルギーが保持されている．生体内で食物が分解・吸収される過程で，高分子はより単純な構造の物質に変わる．ヒトは摂食により体内に取り込んだ物質（エネルギー源）を化学的に分解する過程で化学エネルギーを得て，それを上手に使って体温調節をはじめとする様々な生命活動を営んでいる.

　生物内での化学反応では，酵素が触媒として重要な働きをしており，その働きには至適条件が必須である．生物における体液の恒常性維持（ホメオスタシス，ここでは血液の緩衝作用と酸塩基平衡）の例として，細胞外液である血液の pH が一定（pH = 7.40 ± 0.05）にコントロールされていることが重要である．血液の pH を一定に保つ働きを担っているのは，重炭酸緩衝系，ヘモグロビン系，血漿タンパク系，リン酸系と分けることができる．この調節（緩衝作用）によって pH が至適条件を満たし，生体の細胞は適切に活動（生体内の酵素活性を維持）できる．血液の pH を調節している場所は腎臓と肺である．特に腎臓は HCO_3^- を産生し，酸を排泄している重要な器官である．したがって，ヒトにおける酸塩基平衡を理解するためには腎臓と肺の生理機能を知る必要がある．また，多くの疾患の病態生理に酸塩基平衡の異常が関係しており，酸塩基平衡の理解は臨床における診断，治療に必須である.

16-3　体内での化学反応の特徴

　一般的に化学反応では，エネルギーの高い物質から低い物質への変化が起こりやすい．しかし，実際の化学反応では，反応が進むためには活性化エネルギーの山を乗り越える必要がある．この活性化エネルギーの山を乗り越えるには，外部から反応系にエネルギーを与えるか，あるいは活性化エネルギーの山を低くする．酵素は活性化エネルギーの山を低くする反応経路をつくることにより，化学反応を進行させる．つまり，ヒト体内で起こる化学反応の特徴は，酵素の働きによって，活性化エネルギーの山が低くなり，円滑に化学反応が進む点である．

　ヒトは生命活動を営むために，エネルギーを獲得するための化学反応（エネルギーレベルが高い物質から低い物質に変わる反応）と，エントロピーを減少させる反応（生体の秩序を維持・構築する生命の営み，例えばアミノ酸からタンパク質を合成するなどの生体高分子の合成）を利用している．前者の反応で大量のエネルギーを得て，後者の反応を進めることができている．

　図 16-1 のように，私たちは食事として体内に取り込んだ糖，タンパク質，脂肪などの栄養を，最終的に二酸化炭素（CO_2）や水（H_2O）などになるまで少しずつ化学的に分解していく．その過程で得られた化学エネルギーを ATP（アデノシン三リン酸）に集めて，その ATP 分子を「エネルギー通貨」として生命活動に利用している．

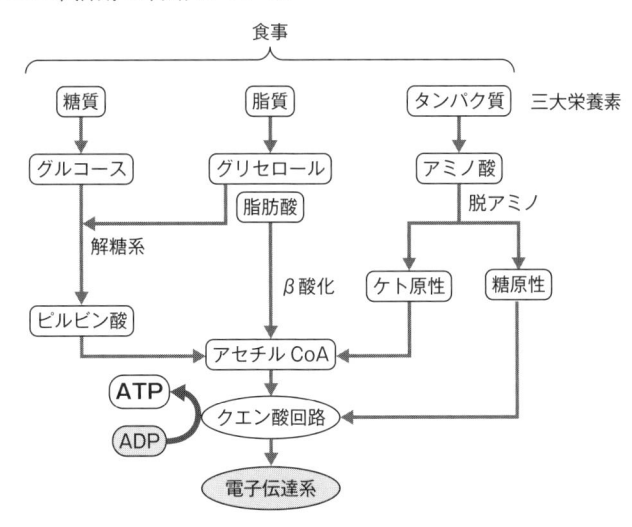

図 16-1　3 大栄養素の代謝概略（糖質→グルコース，脂質→グリセロール，タンパク質→アミノ酸）

　生体内で各栄養素の代謝にともない「酸」が生成されているが，体細胞が正常に生命活動を営めるように体液の pH は一定に保たれている．このように生命現象と酸・塩基は深い関係がある．また，植物が光合成によって水と二酸化炭素を糖に還元し，これをヒトが摂取して，呼吸作用によって，再びこの糖を二酸化炭素に酸化してエネルギーを得ている．酸化・還元も生命現象と深く関わっている．

燃焼（ねんしょう，combustion）：発熱をともなう激しい物質の化学反応のこと．発光現象をともなうことも多い．ただし，一般的には可燃物質が酸素と化合することで，発熱と発光をともなうものを指す．また，生体内で起こる緩やかな酸化反応（糖が酸化されて水と二酸化炭素になる反応など）も燃焼と呼ぶことがある．

【例題 16-2】 ブドウ糖（グルコース）$C_6H_{12}O_6$ は重要な栄養素の 1 つである．次の反応式のように反応してエネルギーを発生する．

$$C_6H_{12}O_6 + 6O_2 \rightarrow 6CO_2 + 6H_2O + \text{energy}$$

ブドウ糖 90.0 g を完全燃焼させた．これについて次の問いに答えよ．原子量は C：12.0，H：1.00，O：16.0 とする．有効数字 3 桁で答えよ．

(1) 消費された酸素は標準状態で何 L か．ただし，標準状態で 1 mol の気体は 22.4 L を占めるとする．

(2) 生成した CO_2 は何 g か．

(3) 生成した H_2O は何 g か．

(4) 発生した熱量は何 kcal か．ただし，ブドウ糖の燃焼熱を 660 kcal/mol とする．

〈解答〉 (1) 67.2 L (2) 132 g (3) 54.0 g (4) 330 kcal

16-4 酸と塩基の定義

(1) アレニウスの定義

「酸とは水溶液中で水素イオン H^+ を放出する物質であり，塩基とは水溶液中で水酸化物イオン OH^- を放出する物質である．」

酸：$HCl \rightleftarrows H^+ + Cl^-$ 塩基：$NaOH \rightleftarrows Na^+ + OH^-$

(2) ブレンステッド-ローリーの定義

「酸とは水素イオン H^+ を放出する物質であり，塩基とは水素イオン H^+ を受け取る物質である．」非水溶液中でも定義できるので，有機化学をはじめ，多くの分野で用いられている．

酸：$H_2O \rightleftarrows H^+ + OH^-$ …H_2O は酸として働いている．

塩基：$H_2O + H^+ \rightleftarrows H_3O^+$（$H_3O^+$：オキソニウムイオン）…$H_2O$ は塩基として働いている．

共役酸・共役塩基：$H_2O \rightleftarrows H^+ + OH^-$ …逆反応において OH^- は H^+ を受け取っている．共役塩基という．

(3) ルイスの定義

　ルイス酸は電子対の受容体で，ルイス塩基は電子対の供与体である．ルイスの定義の利点は，H^+（プロトン）の授受をともなわない反応に対しても酸や塩基を定義できる点である．

$$AlCl_3 + Cl^- \rightarrow AlCl_4^-$$

　$AlCl_3$ はルイス酸，Cl^- はルイス塩基である．

16-5　電離度と酸・塩基の強弱

　酸・塩基の強弱は価数に関係なく，電離度（α，$0 \leq \alpha \leq 1$）で決まる．強酸・強塩基といわれる物質は，電離度が1に近い．電離度1のとき，その物質が電離する割合は100%である．塩酸では，HCl 分子のほとんどが水溶液中で H^+ と Cl^- に電離している．

　弱酸・弱塩基とは，1よりかなり小さい電離度でイオンに電離する酸・塩基である．例えば，$0.1\,mol/L$ 酢酸水溶液の電離度は約 0.01 である．このとき，$0.1\,mol/L \times 0.01 = 0.001\,mol/L$ の H^+ が水溶液中に存在することになる．

　弱酸・弱塩基の電離度は濃度に依存し，濃度が小さくなると電離度が大きくなる．このとき，濃度が低くなることは，H_2O が相対的に多くなることを意味する．

$$CH_3COOH + H_2O \rightleftarrows CH_3COO^- + H_3O^+$$

　この可逆反応式において，ルシャトリエの原理（化学平衡は変化を相殺する方向に移動するという原理）をふまえると，H_2O が多くなると平衡は右に移動することがわかる．反応が右に少しだけ進行することで H_2O を減少させ，H_2O の増加分を相殺している．

酸・塩基の強弱：電離度 $(\alpha) = \dfrac{電離した電解質の物質量}{溶かした電解質の物質量}$　$(0 \leq \alpha \leq 1)$

強酸・強塩基：電離度が1に近い酸・塩基（水溶液中ではほぼ100%電離して，H^+ か OH^- を与える物質）

$$HCl \rightarrow H^+ + Cl^-$$

弱酸・弱塩基：電離度が小さい酸・塩基（水溶液中では一部のみが電離して，H^+ か OH^- を小さい割合で与える物質）

$$CH_3COOH \rightleftarrows H^+ + CH_3COO^-$$

表 16-1　代表的な酸と塩基

酸	強酸	弱酸	強塩基	弱塩基
1価	HCl HNO₃	CH₃COOH (有機酸の中では 強い酸)	NaOH KOH	NH₃
2価	H₂SO₄	H₂CO₃ H₂S	Ba(OH)₂ Ca(OH)₂	Mg(OH)₂ Cu(OH)₂
3価	H₃PO₄ (中程度の酸)			Al(OH)₃ Fe(OH)₃

16-6　水のイオン積

　酸・塩基の性質はほとんど水溶液についてである．この溶媒である水分子は一部が電離しており，その結果生じる水素イオンの濃度 $[H^+]$ と水酸化物イオンの濃度 $[OH^-]$ が平衡状態では一定になっている．25℃で中性のときは H^+ と OH^- それぞれ 1.0×10^{-7} mol/L である．

$$[H^+] = [OH^-] = 1.0 \times 10^{-7} \, \text{mol/L}$$

水溶液中における水素イオンの濃度と水酸化物イオンの濃度との積を水のイオン積という．(K_w) 温度を変えるとその値も変化するが，一般的には 25℃での値（1.0×10^{-14} mol²/L²）を用いる．

水のイオン積 $K_w = [H^+] \times [OH^-]$
$$= 1.0 \times 10^{-7} \, \text{mol/L} \times 1.0 \times 10^{-7} \, \text{mol/L}$$
$$= 1.0 \times 10^{-14} \, \text{mol}^2/\text{L}^2 \quad \Rightarrow \quad \boxed{\text{一定である}}$$

2種類のイオンのモル濃度の積が一定であることより，一方のイオン濃度が高くなると他方のイオン濃度は低くなることがわかる．

16-7　酸解離定数と塩基解離定数

　化学反応において正反応と逆反応の速度が等しくなった状態を化学平衡という．溶質を水などの溶媒に溶かしたとき，正と負のイオンに分かれて電気伝導性をもつ電解質の化学平衡については，電離平衡（equilibrium of electrolytic dissociation）という．

　ブレンステッド・ローリーの定義における酸とは，プロトン H^+ をほかの物質に与える物質であり，電離度が大きいほど強い酸である．酸を HA とし，水 H_2O を相手にした酸塩基反応を考えてみる．ここで，プロトン H^+ が電離したあとの A^- を酸 HA の「共役塩基（conjugate base）」といい，プロトン H^+ を受け取って生じるオキソニウムイオン H_3O^+ を水 H_2O の「共役酸

(conjugate acid)」という.

$$HA(酸) + H_2O(塩基) \rightleftarrows A^-(共役塩基) + H_3O^+(共役酸)$$

この酸塩基反応は可逆反応なので,「共役 (conjugate)」を考えることができる. つまり, 逆反応でオキソニウムイオン H_3O^+ と A^- の酸塩基反応を考える. この逆反応で H^+ を放出し, 酸として働いているオキソニウムイオン H_3O^+ を共役酸, H^+ を受け取り, 塩基として働いている A^- を共役塩基という. これら正反応と逆反応の酸塩基反応は, ある程度の時間が経過すると, やがて正反応と逆反応の反応速度が等しくなり, 平衡状態となる. このときの平衡定数 K は次式で示される.

$$K = \frac{[A^-][H_3O^+]}{[HA][H_2O]}$$

水 H_2O の濃度を $[H_2O] \fallingdotseq 56 \text{ mol/L}$ の定数とみなして, 平衡定数 K の式を変形して, 酸解離定数 K_a を定義する.

$$酸解離定数 \quad K_a = K[H_2O] = [A^-][H_3O^+]/[HA]$$

ある温度において, K_a は物質の種類ごとに固有の値をとり, 酸の強さを表す指標となる. この K_a を「酸解離定数 (acid dissociation constant)」という. 同様に塩基に対して定義した K_b を「塩基解離定数 (base dissociation constant)」という. 酸解離定数 K_a は非常に小さい値になることが多いので, 通常は pH の場合と同様に, 酸解離定数 K_a の対数にマイナスをつけて表した pK_a を使用することが多い.

$$pK_a = -\log_{10} K_a$$

この K_a が大きいか, あるいは pK_a が小さいほど, その酸の酸性度は強くなる. 一般的に 5 以下の pK_a 値を持つ化合物は強酸であるとみなされ, 特に 0 より小さい値をもつ化合物は, 極めて強い酸である.

pH (復習):水素イオン濃度は 10^{-7} mol/L のように非常に小さい値になるので, 常用対数を用いて表す. 水素イオン濃度 $[H^+]$ が 10^{-n} mol/L のとき, n の値が pH に対応する.

$$pH = -\log_{10}[H^+]$$

16-8 酢酸と酢酸ナトリウムの混合溶液の緩衝作用

酢酸は $CH_3COOH \rightleftarrows H^+ + CH_3COO^-$ のように酢酸の一部のみが電離し平衡状態となる. 一方, 酢酸ナトリウム CH_3COONa はほぼすべて電離する.

$$CH_3 COONa \rightarrow Na^+ + CH_3COO^-$$

酢酸と酢酸ナトリウムの混合溶液では酢酸ナトリウムから酢酸イオン CH_3COO^- が多量に生じる．酢酸の可逆反応式の平衡が左にかたより，酢酸と酢酸イオンが多量に共存する状態になる．

この混合溶液に H^+ を加えた場合，$CH_3COO^- + H^+ \rightarrow CH_3COOH$ となり，酢酸の可逆反応式の逆反応が進行することで H^+ の増加が（一部）相殺される．H^+ は加えたほどには増えない．

また，この混合溶液に OH^- を加えると，$CH_3COOH + OH^- \rightarrow CH_3COO^- + H_2O$ の反応が起こるので，加えたほどには OH^- も増えない．これが酢酸と酢酸ナトリウム混合水溶液の緩衝作用の原理である．

16-9 血液の pH

(1) CO_2 と血液の pH

細胞内でのエネルギー産生にともない生じる CO_2 は，主に呼吸によって体外に排泄される．CO_2 が水溶液（細胞内・外液や血液）に溶けている様子を化学式で表現すると以下のようになる．

$$CO_2 + H_2O \rightleftarrows H_2CO_3$$
$$H_2CO_3 \rightleftarrows H^+ + HCO_3^-$$

炭酸 H_2CO_3 が生じ，酸として働く．この酸の強さを，pK_a で示すと次のようになる．

$$K_a = [H^+][HCO_3^-]/[H_2CO_3]$$

$pH = -\log[H^+]$ より，$pH = pK_a + \log[HCO_3^-]/[H_2CO_3]$ になる．15章の式15-12にあるヘンダーソン-ハッセルバルヒの式と同様である．

37℃で $K_a = 7.9 \times 10^{-7}$ mol/L となり，正常な血液の pH は 7.4 となる．

(2) 血液の pH と細胞内液の pH

細胞内での pH はほぼ中性（7.00）である．一方，血液の pH は 7.40 とアルカリ性に傾いており，これは relative constant alkalinity と呼ばれ，ほとんどすべての動物で認められ，生体機能維持に重要な役割をもっている．なぜならば，細胞内で産生される有害代謝産物はほとんどが酸性であり，これらが細胞内から細胞外へ移行するのにこの pH の差が有用だからである．また，通常は血液の pH の変化を中心に生体の調節機構が働く．例えば，血液の pH が低下し，H^+ が増加すると，その増加を緩和させるために H^+ が，K^+ と交換されて，細胞内に入る．

(3) 不揮発性酸と揮発性酸

食事や細胞代謝により体内で生じる H^+ を不揮発性酸と呼ぶ．一方，細胞呼吸で CO_2 により生じる酸を揮発性酸と呼ぶ．揮発性酸は，呼吸により肺から排泄されるのに対し，不揮発性酸は腎臓から排泄される．血液の pH の変動を小さくするために生体には緩衝系があり，ヒトでは炭

酸−重炭酸緩衝系が重要である.

(4) 呼吸機能の重要性

　揮発性酸の排泄を行う肺には，3つのポイントがある．換気，換気血流比，拡散である．血液中の二酸化炭素の量は肺胞での換気量が関与するが，ほかの因子はあまり影響しない．しかし，血液中での酸素の量に関しては上記の3つの因子が影響する．ちなみに肺胞の数は約3億個あり，その総面積は $100\ \mathrm{m}^2$ に匹敵するほど広い．つまり，血中の CO_2 量の上昇が認められた場合には肺胞換気の障害を考える．

(5) 腎臓からの酸排泄

　腎臓からの酸排泄は尿細管からの H^+ 分泌による．これには，尿 pH 低下（HCO_3^- による中和），滴定酸排泄，アンモニウムイオン排泄の3つの方法がある．3番目のアンモニウム排泄が酸排泄調節機構として最も重要である．血液が酸性側にかたよったとき，腎臓では主としてアンモニウムイオン排泄が増加することでバランスがとられる．血液の pH を一定に保つためには，ろ過した HCO_3^- を再吸収し，過剰な H^+ を排泄しなければならない.

　HCO_3^- の再吸収と尿からの NH_4^+ 排泄は，H^+ 分泌（H^+ ポンプ）が関わっている．細胞内での H^+ の産生は，炭酸脱水酵素 II によって CO_2 から H_2CO_3 が産生され，そこから H^+ と HCO_3^- に分解されて行われる．ろ過された HCO_3^-，リン酸イオンはアンモニアと結合して尿中に排泄される.

Column | 酸塩基平衡と疾患

　酸性とアルカリ性のバランスを保とうとする仕組みが，酸塩基平衡である．エネルギー産生や免疫作用などにともなう細胞内での代謝によって発生する有害な水素イオン（H^+）は血液中に放出され，肺と腎臓において調整され体外に排泄されている．血液（細胞外液）は弱アルカリ性（pH＝7.40±0.05）に保たれており，何らかの原因で酸塩基平衡異常が起こると，生命活動に障害を及ぼす．

　また，生体内の酸の濃度つまり H^+ 濃度が，ほかの電解質濃度と異なるのは，ほかの電解質の濃度は水に溶けたときに解離した各イオンの濃度を表しているのに対し，H^+ 濃度は溶媒の水（H_2O）自身が解離した状態を表している点である．生命は水の存在によって誕生し，水の存在を必要条件として進化してきた．その水の解離状態（水が解離して生じる H^+）はほかの電解質が解離したイオン以上の重要性をもつのは当然かもしれない．pH は H^+ 濃度の逆数の常用対数であり，生体の状態を表すのに便利なため，臨床では pH を使うことが多い．

　ヒトの病態には，代謝性アシドーシス，代謝性アルカローシス，呼吸性アシドーシス，呼吸性アルカローシスの 4 つの酸塩基平衡障害がある．アシドーシスとは，血液の酸塩基平衡が酸性側に傾いた状態（pH＜7.35）を示し，アルカローシスとは塩基性側に傾いた状態（pH＞7.45）を示す．代謝性は腎臓あるいは細胞での代謝機能障害で起こり，呼吸性は肺の障害で起こる．そのほかにこれらの合併した混合性酸塩基平衡障害が存在する．臨床の場ではこの混合性酸塩基平衡障害が多く，鑑別診断が重要である．

第 17 章

生体に関わる分子の立体構造

目的：分子の立体的な形の違いが，生命活動に重大な影響を与える．立体異性体を理解し，
分子の立体構造をイメージ，表現できるようになる．

要点：立体異性体には，単結合の軸回転で生じる配座異性体を除くと，鏡像異性体（エナン
チオマー）とジアステレオマーがある．まず，鏡写しの関係にある分子が異なる種類
の分子になっている鏡像異性体を学ぶ．

17-1 同じ分子か違う分子か？

左右の手袋はお互いに鏡写しの関係にある．左手にはめた手袋と右手にはめた手袋は同じか違

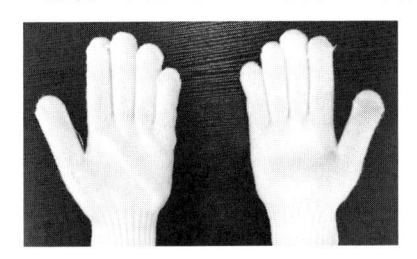

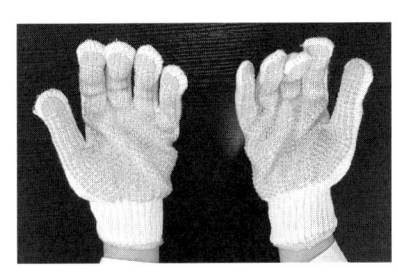

図 17-1　2 種類の手袋
上：普通の手袋
　　（左右で交換できる）
下：手のひら側に滑り止めがある手袋
　　（左右の交換ができない）

うかを考えよう.

　図 17-1 にある手袋のうち,上に示されている普通の手袋は,右と左の区別がなく,どちらの手袋も左右どちらの手にもはめることができる.つまり,鏡写しの関係にある両者は同じ種類のものと考えられる.

　一方,図 17-1 の下に示されている方は,手のひら側に滑り止めのついた手袋である.滑り止めが手の甲側にあっても意味はない.右手用と左手用での区別があり,手のひら側に滑り止めのついた手袋 1 個は,左右どちらか一方の手にしかはめることができない.鏡写しの関係にある両者は別の種類のものである.

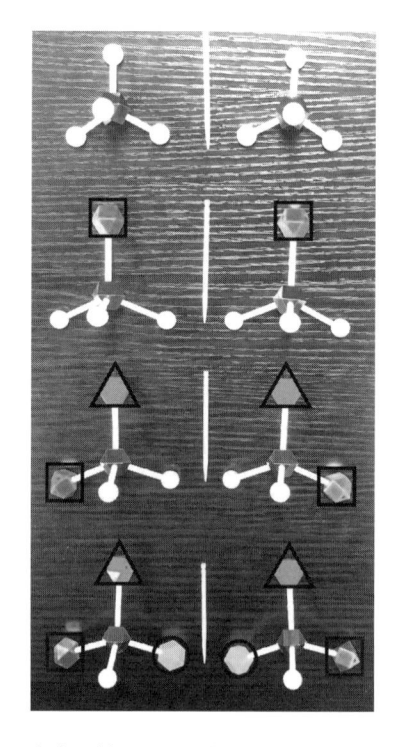

図 17-2　左右で鏡写しの関係にある分子模型 4 セット
上の 3 セット：左と右は同じ構造の分子（分子内に対称面がある）
最も下のセット：左と右は異なる構造の分子（分子内に対称面がない）

　分子についても同じように考えられる.図 17-2 に,分子模型 4 セット合計 8 個を,左右が鏡写しの位置関係になるように並べた.これらの分子は,中心の原子が sp^3 混成軌道を 4 個もち,それらを使って 4 個の原子と結合し,四面体構造になっている.上から 3 セット目までは左右で同じ構造をもつ分子である.2 つの分子模型を手にもって移動させ,両者を空間的に重ねることができる.

　一方,最も下に示した左右セットの分子模型 2 個は 3 次元空間で重ね合わせることができない.鏡写しの関係にある分子が別の構造をもつ分子になっている.こうした関係の分子をお互いに鏡

像異性体という．図 17-1 の下にあった，手のひら側にのみ滑り止めのついた左右の手袋と同じ空間的な性質である．特定の形をもつ物体について，その形状に対称平面が見出せない場合，その鏡写しは元の形と立体的に異なる．滑り止めのない手袋は，手のひら側と手の甲側を分ける平面が対称平面になっている．図 17-2 の上から 3 セット目の分子模型では（左右ともに）中心の原子と△と□，これら 3 個の原子を含む平面が対称平面になっている．

　こうした分子の形に基づく性質は，生命にとってとても重要である．鏡写しの関係にある似た分子であっても，両者で立体的な形が異なる場合，図 17-3 のように，紙に記した○△□に適合できるのは，鏡写しの関係にある一方の分子のみである．細胞表面にある受容体が分子の形に適合する様子を単純化して示した例である．このような立体的な 3 次元パズルによって，多様な形をもつ分子が，それぞれの形に応じた多様な機能を果たすことができ，その結果，生命現象が成り立っている．

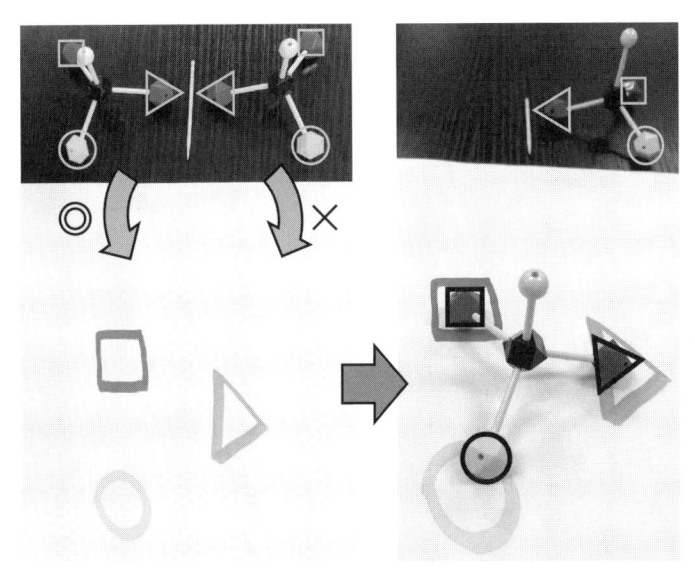

図 17-3　細胞表面の受容体に適合できる分子とできない分子（概念図）

17-2　鏡写しの関係にある分子

　分子の立体構造を考えることは，薬の作用を知るうえで必要であり，多くの生命現象を理解するうえでもとても重要である．

【例題 17-1】　鏡写しの関係に並べた分子 2 個を以下に示す．これらは同じ構造の分子か，あるいは異なる性質をもつ分子か？

〈解説〉 サリドマイドといわれる薬の成分である．4種類の異なる原子（あるいは原子団）と単結合している炭素原子（キラル中心）を探す．それがあると，多くの場合，鏡写しの関係にある分子どうしは異なる種類の分子である．以下の矢印のところにある炭素原子がキラル中心になっている．

市販のサリドマイドは，かつて上記2種類の混合物（ラセミ体）のまま発売されていて，薬害を起こしたことがある．後に，R体（鏡像異性体の片方を指す．ここでは左側である．詳細はこの章の後半に説明がある）は無害であるが，S体（鏡像異性体のR体でない方を指す）は非常に高い催奇性をもっており，高い頻度で胎児に異常をひき起こすとの報告がなされた．現在はR体とS体の分離（光学分割），および一方のみを選択的に合成（不斉合成）することも可能である．しかし，R体のみを投与しても速やかに体内でラセミ化する（ラセミ体になる）という報告もある．

17-3 分子の構造と異性体

分子式が同じ分子でも，異なる種類の分子になる場合がある．それらをお互いに異性体（isomer）という．原子の種類と数が同じ分子でも，それらの結合の仕方が異なれば構造異性体になる．結合の仕方が同じでも，立体的な形に違いがあれば立体異性体になる．立体異性体には鏡像異性体（enantiomer）とジアステレオマー（diastereomer）がある．鏡写しの関係にある異なる分子を互いに鏡像異性体という（例題17-1にある2個の分子はお互いに鏡像異性体である）．これ以外の立体異性体はジアステレオマーに分類する．ジアステレオマーには，単結合の軸回転により形が異なる配座異性体を含む．二重結合など回転しない結合周辺で官能基の位置が違う幾何異性体もジアステレオマーに含まれる．

異性体 {
　構造異性体
　立体異性体 {
　　鏡像異性体（エナンチオマー）
　　ジアステレオマー
　　（配座異性体や幾何異性体を含む）

図 17-4　異性体の分類

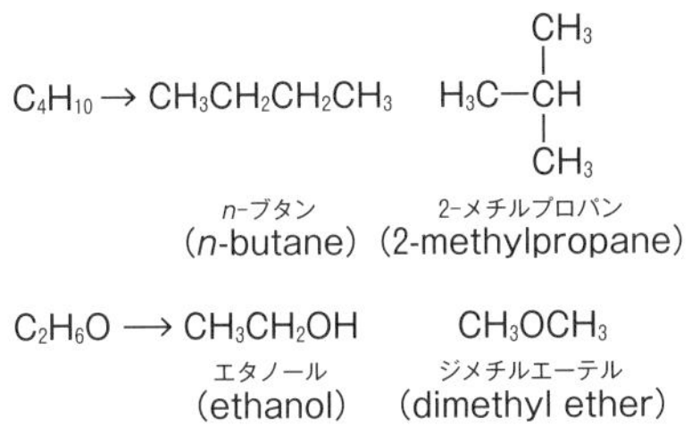

$C_4H_{10} \rightarrow CH_3CH_2CH_2CH_3$　$H_3C-\underset{\underset{CH_3}{|}}{\overset{\overset{CH_3}{|}}{CH}}$

n-ブタン　　　　2-メチルプロパン
（*n*-butane）　（2-methylpropane）

$C_2H_6O \longrightarrow CH_3CH_2OH$　　CH_3OCH_3
エタノール　　　ジメチルエーテル
（ethanol）　（dimethyl ether）

図 17-5　構造異性体の例

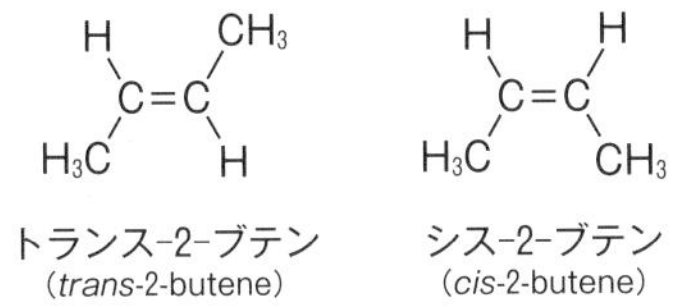

トランス-2-ブテン　　シス-2-ブテン
（*trans*-2-butene）　（*cis*-2-butene）

図 17-6　幾何異性体の例

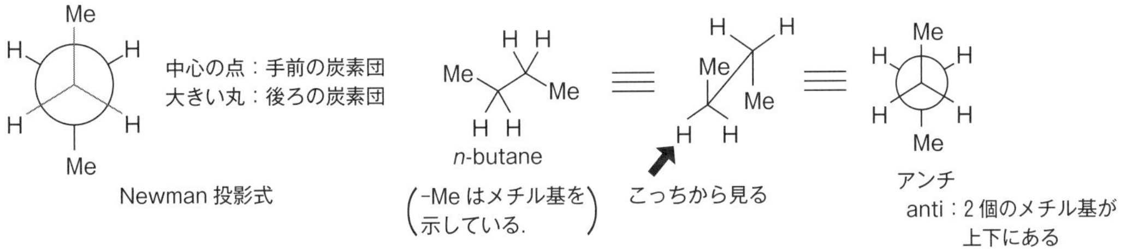

中心の点：手前の炭素団
大きい丸：後ろの炭素団

Newman 投影式

n-butane
（-Me はメチル基を示している.）

こっちから見る

アンチ
anti：2 個のメチル基が上下にある

図 17-7　配座異性体の 1 つ，アンチ（anti）の例

　図 17-7 は直鎖状のブタン（*n*-butane）について，真ん中の 2 つの炭素（C_2-C_3）を結ぶ結合に着目して立体配座を示した．この 2 つの炭素の手前を中心点に，奥の炭素を円で表現するニューマン（Newman）投影式は，注目する結合について，その両端の 2 つの炭素を結ぶ延長線上から分子を見た様子を表している．図 17-7 の場合は，手前の炭素につくメチル基（-Me）と奥の炭素につくメチル基（-Me），これらが上下に示され，2 個のメチル基が最も離れた形になっている．こうしたアンチ（anti）配座は立体反発が小さく，このブタンの最も安定な立体配座である．単結合が回転して生じる異性体を回転異性体（配座異性体）ということもある．

17-4 鏡像異性体

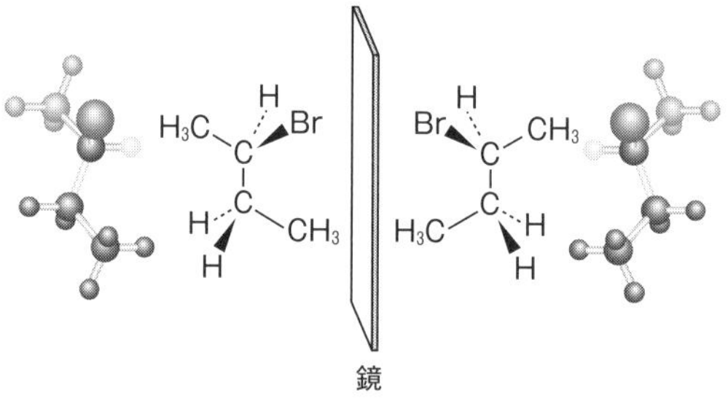

図 17-8　鏡像異性体の例

　鏡像異性体の例を図 17-8 に示す．それぞれの分子にキラル中心が 1 個ある．臭素（-Br）と結合している炭素は，ほかに水素（-H），メチル基（-CH₃），エチル基（-CH₂-CH₃）と結合しており，異なる 4 種類の原子（原子団）と単結合している．この炭素がキラル中心である．その結果，分子内には対称平面が存在せず，鏡写しの関係にある分子は立体的に異なる形であることがわかる．

　こうした鏡像異性体は似た性質をもつが，光に対する性質が異なる．鏡像異性体の片方だけを含む物質に光を通すと，その光の偏光面は回転する．こうした性質を旋光性という．このため鏡像異性体を光学異性体ともいう．もう一方の鏡像異性体のみからなる物質は，逆方向に同じ大きさだけ光の偏光面を回転させる．鏡像異性体の 1 つは右旋性をもち，もう片方は左旋性をもつ．お互い鏡像異性体の分子 2 個を区別するために，＋（プラス）と −（マイナス）をつける方法や，D（小文字の d のときもある）と L（l，エル）をつける方法がある．互いに鏡像異性体の分子が等しい量だけ混合した物質をラセミ体といい，お互いの旋光性を打ち消し合って，旋光性は示さない．

17-5　RS 配置の決め方

　4 種類の異なる原子団（あるいは原子）と単結合する炭素がキラル中心になる．これについて，R 配置か S 配置かを決めて区別すると便利である．図 17-8 にある分子のキラル中心を考える．鏡の左側の分子にあるキラル中心が R 配置で，右側のキラル中心が S 配置である．図 17-9 に RS 配置の決め方を図示する．

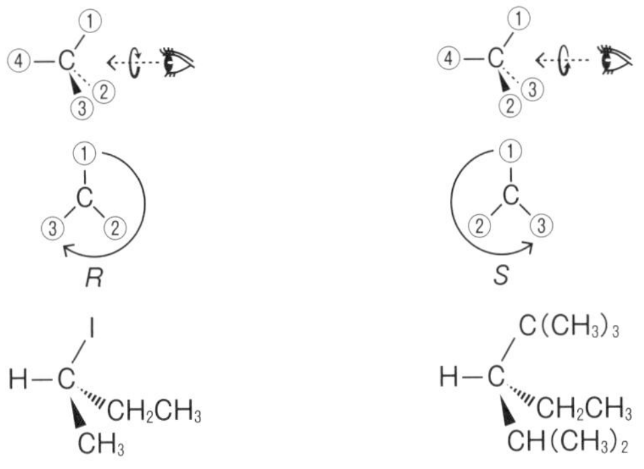

(R)-2-ヨードブタン　　(S)-3-エチル-2,2,4-トリメチルペンタン

図 17-9　*RS* 配置の決め方と例

RS 配置は，次の（イ）→（ロ）→（ハ）の順で決める．

（イ）4 種類の異なる原子団（あるいは原子）に①，②，③，④の番号を振る．

（ロ）④を奥にすると，手前に伸びてくる結合に①，②，③がある．これを確認する．

（ハ）①，②，③が時計回りだったら *R* 配置，反時計回りだったら *S* 配置である．

4 種類の異なる原子団の番号は，原子番号が大きい順に①＞②＞③＞④とする．同じ場合はさらに奥で結合する（複数の）原子で比べる．複数原子のグループ間で比較する場合，最も優先順位の高い原子とその個数で比べる．多重結合は多重度に応じた複数個の単結合に置き換えて考える．

【例題 17-2】 図 17-8 に示されている，お互いに鏡像異性体の分子 2 個それぞれにキラル中心を見つけ，4 種類の異なる原子団（あるいは原子）を示し，それらに①，②，③，④の番号を振りなさい．鏡の右と左，それぞれのキラル中心の *RS* 配置を決めなさい．

〈解説〉

①：$-Br$，②：$-CH_2-CH_3$，③：$-CH_3$，④：$-H$ となる．文中にある通り，鏡の左が *R* 配置のキラル中心をもつ分子で，右の分子がもつキラル中心は *S* 配置である．

17-6　キラル中心が 2 個ある分子

キラル中心があっても旋光性を示さない分子がある．分子全体の性質として，キラルではない．こうした分子はアキラルな分子といわれる．このようにキラル中心をもつが，鏡写しの関係にある分子と同一種類になる分子をメソ化合物といい，分子内に対称平面をもつ．

　キラル中心が2個ある分子の構造式4個を図17-10に示す．このうち2個は同一種類の分子（メソ化合物）で，合計3種類の分子になる．そのうち2個はお互いに鏡像異性体で，それら以外の2個の組み合わせはお互いにジアステレオマーの関係である．

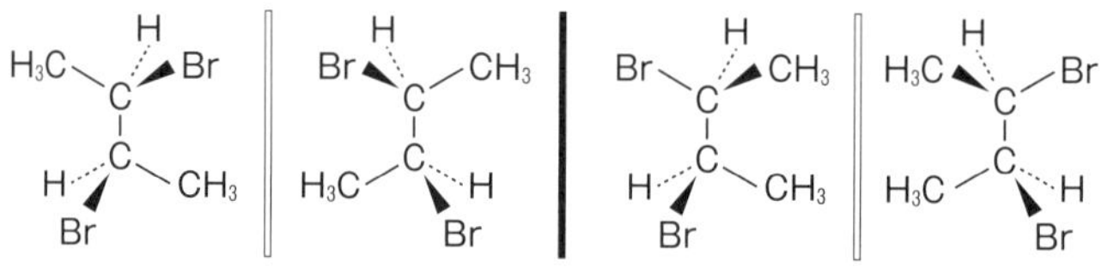

図17-10　キラル中心を2個もつ分子の例

　どうすれば，お互いの関係を明確にできるだろうか．1個の分子内に2個あるキラル中心それぞれの *RS* 配置を決めればよい．キラル中心になる炭素2個は，母体の炭素にふる番号2と3に対応しているので，2個あるキラル中心がともに *R* 配置の分子は 2*R*,3*R*- をつけて命名される．2*R*,3*R* と 2*S*,3*S* は互いに鏡像異性体の関係である．2*R*,3*S* と 2*S*,3*R* の関係は，図17-10の分子の場合，分子内に対称平面があるので，同一分子である．それら以外の組み合わせ，2*R*,3*R* と 2*S*,3*R*（2*R*,3*S* と同じ）の関係，2*S*,3*S* と 2*S*,3*R*（2*R*,3*S*）の関係は互いにジアステレオマーである．

【問題 17-1】　図17-10に示される分子4個の関係を整理して，適切な言葉で表現しなさい．

Column｜眠気覚ましとしてのカフェイン

　ヒトが眠たくなるのは 30 種類以上の睡眠物質が関係しており，これら睡眠物質が蓄積されると眠気が起こる．充分な睡眠をとることでこれら睡眠物質の蓄積は解消されるが，睡眠が不十分だと蓄積され，この状態を睡眠負債という．

　ヒトの生命活動を支える重要なエネルギー源は ATP（アデノシン三リン酸）であり，これに含まれるリン酸結合が切れると ADP（アデノシン二リン酸）や AMP（アデノシン一リン酸）になる．ATP からリン酸基が外れた構造をもつアデノシンは，脳神経シナプスのアデノシン受容体と結合することで興奮性神経伝達物質のドパミンやノルアドレナリンの放出を抑える．ATP の代謝物であるアデノシンが多いほど脳はより多くの疲れを感じている．逆に眠っているときはアデノシンの蓄積は減少して，少しずつヒトは目覚める状態に向かう．

　下図に示すように，アデノシンとカフェインの構造を比べてみると，プリン塩基の部分が類似しているため，コーヒーなどの摂取によりカフェインが体内で増えてくると，アデノシン受容体と結合してアデノシンの作用を阻害する．その結果，興奮性神経伝達物質のドパミンやアドレナリンの放出を抑制せず，脳の覚醒が保たれる．このようにコーヒーや緑茶などのカフェイン含有飲料を飲むことで，血中カフェイン濃度を上昇させ，カフェインがアデノシン受容体に作用する（アデノシンの結合をブロック）ことで脳の覚醒を持続させている．

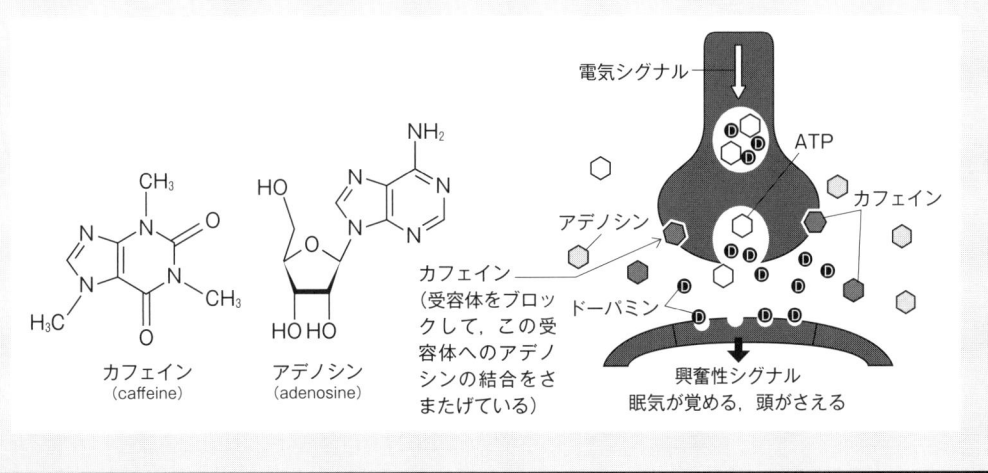

第18章

ラジカル反応とヒトの健康

> **目的**：ヒトの健康と関わる化学反応を例にして，ラジカル反応について知る.
>
> **要点**：1つの軌道に電子は対で2個あると安定である．1つの軌道に電子が1個しかない状態は不安定であり，反応しやすい．こうして起こるのがラジカル反応である.

　本章では生体内でのラジカル反応の具体例を示し，ヒトの健康と関わるラジカル防御システム，病気や老化と関わる活性酸素やフリーラジカルなどについて解説する.

18-1　活性酸素とラジカル

18-1-1　不対電子

　通常，原子は原子核が中心にあり，その周囲の各電子軌道に電子2個が対になって存在する．しかし，まれに1個で存在している電子があり，これを不対電子という．この不対電子をもつ分子や原子を化学の分野ではラジカルという．医学や臨床の現場では**フリーラジカル**（遊離基）と称されることが多い．不対電子は対になろうとする性質をもち，ラジカルは反応性が高く不安定な化学種である．また酸素分子が不安定な化学種に変化したものを活性酸素（reactive oxygen species：ROS）という．ラジカルやROSはほかの物質と反応して安定化する性質があり，タンパク質や脂質，核酸などを酸化させる.

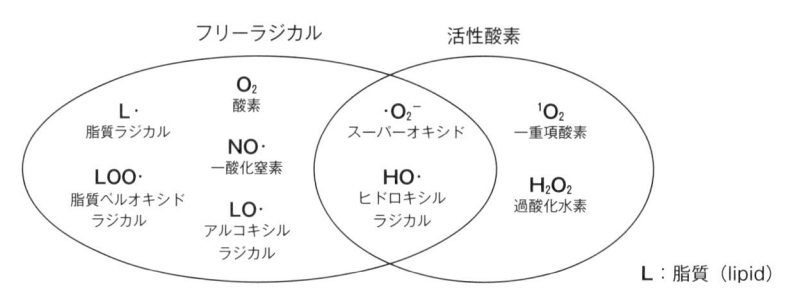

図 18-1　フリーラジカルと活性酸素の分類

18-1-2　酸素の電子配置

　私たちの生命活動では，呼吸で取り込んだ酸素の 90% 以上がミトコンドリアで ATP の合成，エネルギー物質の産生に使われている．空気中に含まれている酸素は，分子としては反応性の低い構造をしているが，エネルギーが加わると活性化されてほかの分子を酸化する．

　一般に空気中の酸素分子は三重項といわれる状態にあり，2 個の不対電子を有するビラジカルとして存在する．これらの不対電子は図 18-2 に示したように，それぞれが別の軌道にあり，そのスピン状態は互いに平行で存在する．図 18-2 の四角内の電子を示す矢印 2 個の向きが同じことが，平行なスピン状態に対応する．この基底状態の酸素分子は，外部からのエネルギーで励起され一重項酸素になる．このスピン状態は図 18-2 のように 2 通りある．一重項酸素は不対電子を持たないので，ラジカルではなく活性酸素に分類される．三重項基底状態の酸素分子に 1 電子が追加された 1 価のアニオンがスーパーオキシドアニオンで，2 電子追加された 2 価のアニオンをペルオキシド（過酸化物イオン）という．

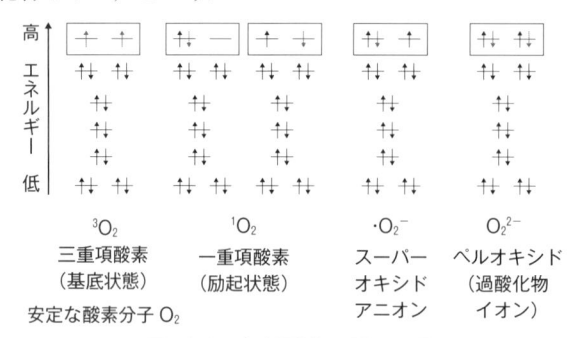

図 18-2　各種酸素の電子配置
矢印は電子を示し，横線は軌道を表す．矢印の向きは電子のスピンの状態に対応する．

　スーパーオキシド，過酸化水素，ヒドロキシルラジカル，一重項酸素を狭義の活性酸素というが，広義には図 18-1 に示したようにラジカルを含むこともある．例えば，過酸化水素は活性酸素ではあるが，不対電子を持たないためラジカルではない．しかし，過酸化水素は鉄の存在下では 1 電子還元され，ヒドロキシルラジカルを生じる（フェントン反応）．

$$\text{フェントン反応：} Fe^{2+} + H_2O_2 \rightarrow Fe^{3+} + OH^- + \cdot OH$$

　ヒトは呼吸によって酸素を取り込み，主にミトコンドリアでの電子伝達系で ATP を産生し，生命活動に必要なエネルギー物質を得る．この過程で酸素は 4 電子還元され水となるが（$O_2 + 4H^+ + 4e^- \rightarrow 2H_2O$），必ずしも酸素分子に電子がきっちり 4 つ渡されるとは限らない．生体内での酸素が反応する過程では，酸素分子が部分的に還元された種々の活性酸素（ROS）が生じる．生体はこの活性酸素を消去する巧みな防御機構をそなえている．活性酸素の過剰な生成やあってはならない場所での生成反応は，活性酸素を消去する反応との平衡関係がある．この防御機構が崩れることで酸化ストレス負荷の状態になる．活性酸素やフリーラジカルは生体内の分子を攻撃して，各種疾患を誘発する．

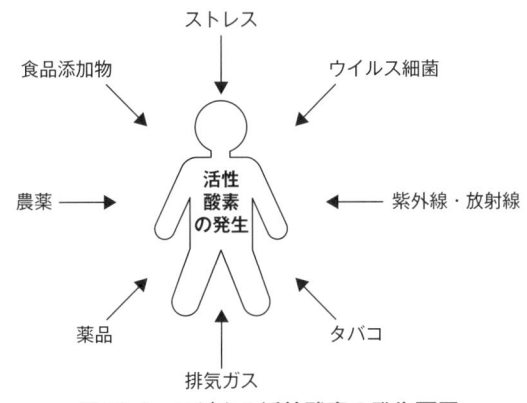

図 18-3　ラジカル活性酸素の発生要因

　最近では種々の疾患における活性酸素やラジカルの役割が明らかになりつつある．白血球をはじめとする食細胞は生体内における活性酸素産生源である．図 18-3 に示したように環境因子としての紫外線，放射線，喫煙などもその産生源として重要である．活性酸素やフリーラジカルは生体膜，核酸，タンパク質などに種々の障害を与え，膜脂質の過酸化反応，酸化的 DNA 損傷，タンパク質変性などのデメリットを引き起こすが，生体内での情報伝達の制御因子としての役割ももっている．

18-2　ラジカルによる障害作用

18-2-1　ラジカルの非特異的な反応

　フリーラジカルや活性酸素は非特異的な（攻撃対象を選ばない）反応をすることが多い．つまり，多くの生体内分子が標的となる．脂質，核酸，アミノ酸，炭水化物を標的にし，多くの病態・疾患と関連する．特に，細胞膜の脂質中に局在する不飽和脂肪酸は活性酸素により攻撃されやす

い（脂質過酸化反応という）．生体膜は細胞や小器官を仕切る隔壁としてのみならず，多様な機能を集約した場を形成している．それゆえ，この連鎖的な脂質過酸化反応は，膜構造の破壊だけでなく，そこで働くタンパク質の酵素作用や受容体の機能にも障害を与える．このようなラジカルによる生体膜への攻撃が原因の障害が神経細胞におよぶと，細胞壊死，アポトーシスなどを生じる．これらの活性酸素種やラジカルを消去する酵素にはカタラーゼやペルオキシダーゼなどがある．これらは予防的抗酸化物質といわれる．

　不飽和脂肪酸から水素が引き抜かれる反応が生じると，脂質ペルオキシラジカルを担体とした脂質過酸化反応が連鎖的に進行し，脂質過酸化物（過酸化脂質）が生成する．この脂質ペルオキシラジカルを捕らえ，連鎖反応を断つものとしてα-トコフェロールのようなラジカル捕捉型抗酸化剤がある．これを捕捉型抗酸化物質という．また，生成した過酸化脂質も悪玉であり，血液中に流出し，血管病変などの二次的病変の原因になりうる．それゆえ，この過酸化脂質をアルコールなどに還元する物質も生体内で抗酸化作用を発揮する可能性がある．これを過酸化脂質消去剤という．また，酸化による損傷を受けた脂質，タンパク質，DNAなどを修復・再生する修復・再生型抗酸化物質も存在し，活性酸素・フリーラジカルに対する最終的な防御となる．

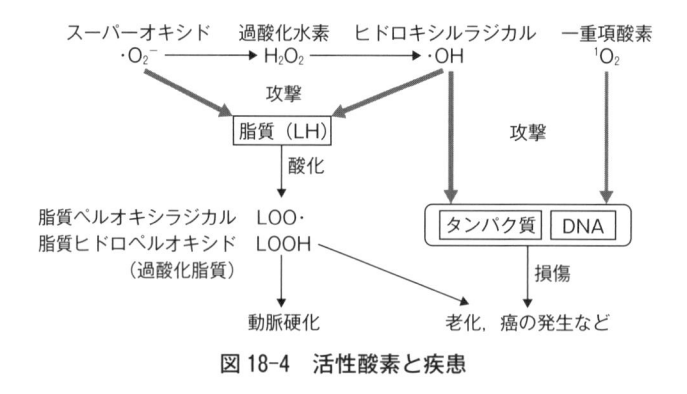

図 18-4　活性酸素と疾患

18-2-2　フリーラジカル・活性酸素と関連する疾病

　フリーラジカル・活性酸素は先に示したように生体成分との高い反応性から，老化や多くの生活習慣病にかかわっている．生体内で発生したフリーラジカル・活性酸素との関連性のある疾患は，動脈硬化，心筋梗塞，癌のほかにも，パーキンソン病，アルツハイマー病，多発性硬化症，白内障，気管支喘息，潰瘍性大腸炎，糖尿病，自己免疫疾患などが知られている．

　例えば，血液中でコレステロールが増加した状態が続く（LDLコレステロールが増えすぎる）と，LDLコレステロールは血管の内壁細胞のすき間から内膜に入り，そこでフリーラジカルや活性酸素によって酸化され，変性LDLとなる．この異物となった変性LDLを血管の中の掃除屋であるマクロファージが自身の中に取り込む．マクロファージは肥大化し，やがて泡沫細胞となる．この泡沫細胞の蓄積により，血管内壁が肥厚し，動脈硬化の原因の1つとなる．これら変性LDLや泡沫細胞の死滅により，血管壁は脆くなり，血管そのものが弾力性を失い，硬化する．このよ

うにして動脈硬化が進行する.

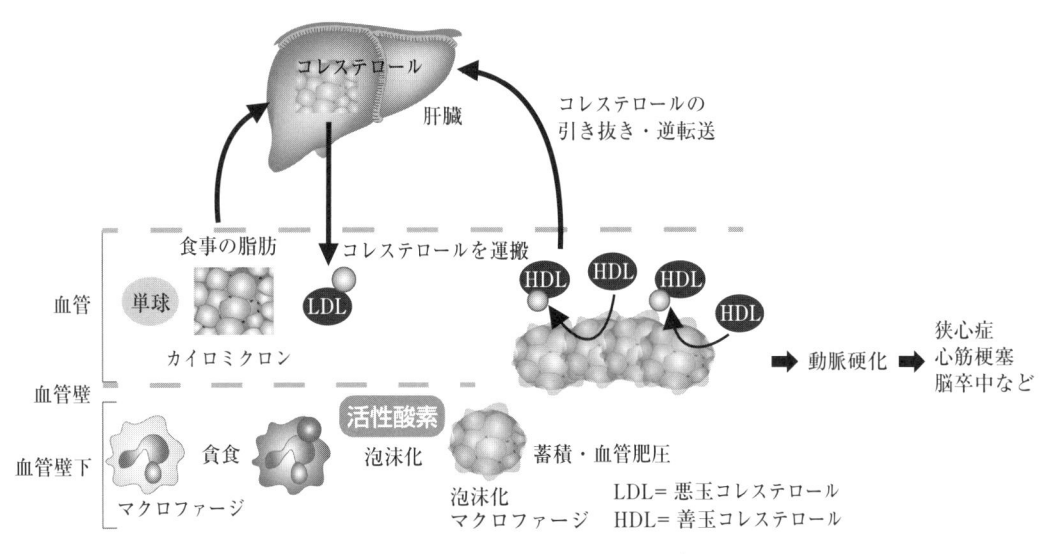

図 18-5　動脈硬化の発生メカニズム

18-3　生体内のラジカル消去酵素

　生体には活性酸素を消去するシステムがあり，その１つが活性酸素を消去する酵素群である.
特にスーパーオキシドを消去する酵素と，過酸化水素を消去する酵素がよく知られている.

18-3-1　スーパーオキシド消去酵素

　スーパーオキシドディスムターゼ（superoxide dismutase：SOD）は，２つのスーパーオキシド
を２種類の別の分子，過酸化水素と酸素に変える，このように同一種類の分子２つ以上を２種類
以上の別の分子に変える反応を不均化（反応）という.

$$2 \cdot O_2^- + 2H^+ \rightarrow H_2O_2 + O_2$$

　この反応を触媒する酵素が SOD である．もともとこの反応は酵素なしでも速く進む反応であ
るにもかかわらず SOD が存在するということは，スーパーオキシドを少しでも早く消去するこ
とが生体にとって重要であることがわかる.

　ヒトには EC-SOD，Cu/Zn-SOD，Mn-SOD の３種類の SOD があり，生体防御をしている.
細胞外には EC-SOD があり，細胞質には活性中心に銅と亜鉛を含む Cu/Zn-SOD が存在する.
この酵素活性は，Cu^{2+} と Cu^+ の酸化還元サイクルによりスーパーオキシドを不均化する．亜鉛
イオンはタンパク質の構造を維持する役割をもつ．ミトコンドリアに存在する Mn-SOD は活性

中心にマンガンを含み，呼吸にともない生成してしまうスーパーオキシドを消去している．Mn-SOD が欠損したマウスは生後まもなく死亡してしまうことが知られている．

18-3-2　過酸化水素消去酵素 ●

ヒトではアミノ酸の 1 つの代謝経路において，アミノ酸オキシダーゼによりアミノ酸からアンモニアと過酸化水素が生じる．この過酸化水素（H_2O_2）に紫外線を当てると酸素-酸素結合（H-O-O-H）が切断され，もっとも生体成分傷害性の高いヒドロキシルラジカル（$\cdot OH$）を生成する（$H_2O_2 \rightarrow 2 \cdot OH$）．

また，Fe^{2+} や Cu^+ のような還元型の金属イオンによって，先に示したフェントン反応（$Fe^{2+} + H_2O_2 \rightarrow Fe^{3+} + OH^- + \cdot OH$）と呼ばれる反応が起こり，これによっても $\cdot OH$ が生成する．生体内では過酸化水素を安全に分解する必要がある．

(1) カタラーゼ

過酸化水素を消去する酵素であるカタラーゼは，古くからよく知られている酵素で，活性部位にヘム鉄を含み，$2H_2O_2 \rightarrow O_2 + 2H_2O$ のように過酸化水素を不均化して安全な酸素と水にする．特に肝臓，腎臓，赤血球に多く存在している．転んで擦りむいたときに，消毒液オキシドールをかけると酸素の泡が発生する．これはカタラーゼによる反応である．SOD はスーパーオキシドを消去するときに過酸化水素を生成するので，活性酸素から生体を防御するためには，カタラーゼと SOD が協同的に働く必要がある．

(2) グルタチオンペルオキシダーゼ

グルタチオンペルオキシダーゼはカタラーゼとは過酸化水素の消去作用が異なる．図 18-9 に示したグルタチオン（GSH）という抗酸化物質があり，グルタチオンペルオキシダーゼは GSH を用いて過酸化水素を消去する酵素である．この酵素は活性部位にセレン（Se）を含む珍しいタンパク質であり，$2H_2O_2 + 2GSH \rightarrow 2H_2O + GS\text{-}SG$ という反応を触媒する．GS-SG はグルタチオンが酸化されて生成した化合物で，グルタチオンジスルフィドである．カタラーゼと異なるグルタチオンペルオキシダーゼの特徴として，過酸化水素のみならず過酸化脂質（LOOH）も消去できるという点がある．

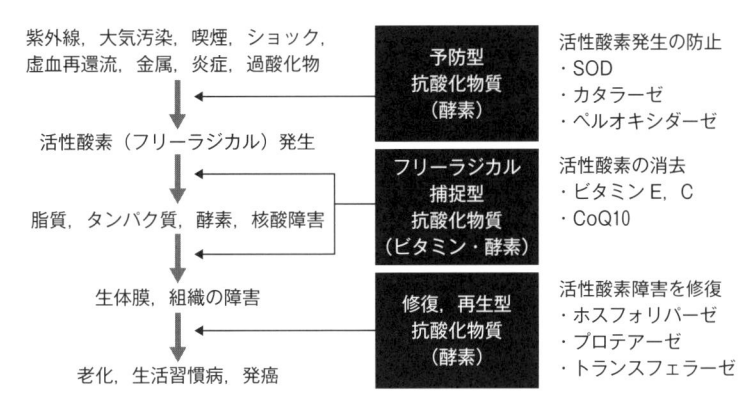

図 18-6　フリーラジカル・活性酸素に対する生体防御機構

18-4 天然に存在する抗酸化物質

　天然には抗酸化作用を有する化合物が数多く存在する．ヒトはこれらを体内で生合成したり，食物から取り込むことによって，活性酸素やフリーラジカルによる酸化傷害から生体を防御している．

(1) アスコルビン酸（ビタミン C）

　天然に存在する抗酸化物質としてもっともよく知られているものがアスコルビン酸（ビタミン C）である．アスコルビン酸は，活性酸素に電子を 1 つ渡すと自らはアスコルビン酸ラジカルとなるが，このラジカルは共鳴により安定化される．つまりアスコルビン酸の抗酸化作用は，アスコルビン酸ラジカルのエンジオール構造（HO-C＝C-OH という部分構造）の共鳴による安定化による．この結果，ほかの分子を次々とラジカルにしていくような連鎖反応を防ぎ，自らは不均化してデヒドロアスコルビン酸となる．このような抗酸化作用からアスコルビン酸は食品添加物として広く使用されている．

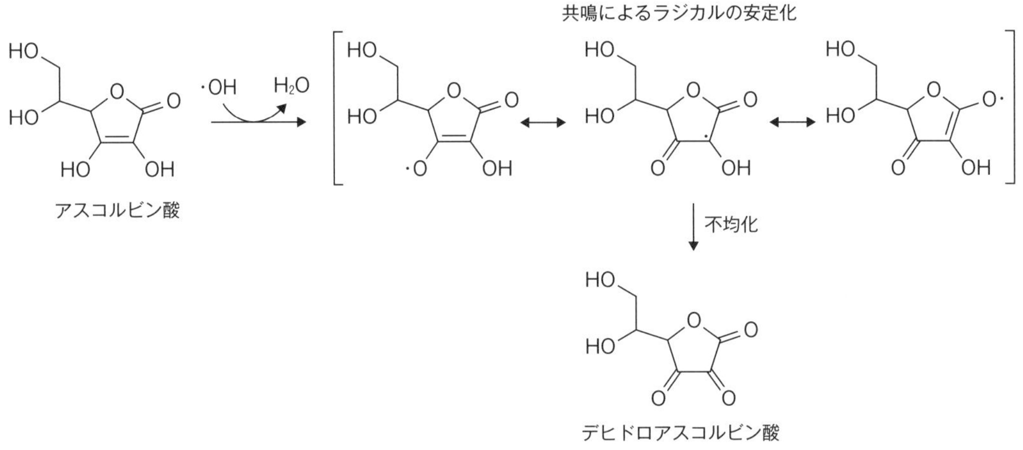

図 18-7　アスコルビン酸（ビタミン C）の抗酸化作用

(2) α-トコフェロール（ビタミン E）

　α-トコフェロール（ビタミン E）もまた抗酸化作用を示す．アスコルビン酸は水溶性が高いのに対し，α-トコフェロールは脂溶性が高いため生体膜などの疎水性部分に分布し，その周辺で発生したラジカルを効率よく消去する．α-トコフェロールは脂質ペルオキシラジカル（LOO・）のようなラジカルを 1 電子還元すると，自らはラジカルとなるが，共鳴によりラジカルにある孤立した不対電子は非局在化して安定化される．さらに α-トコフェロールから生じたラジカルはもう 1 分子の脂質ペルオキシラジカルと反応して非ラジカルとなる．

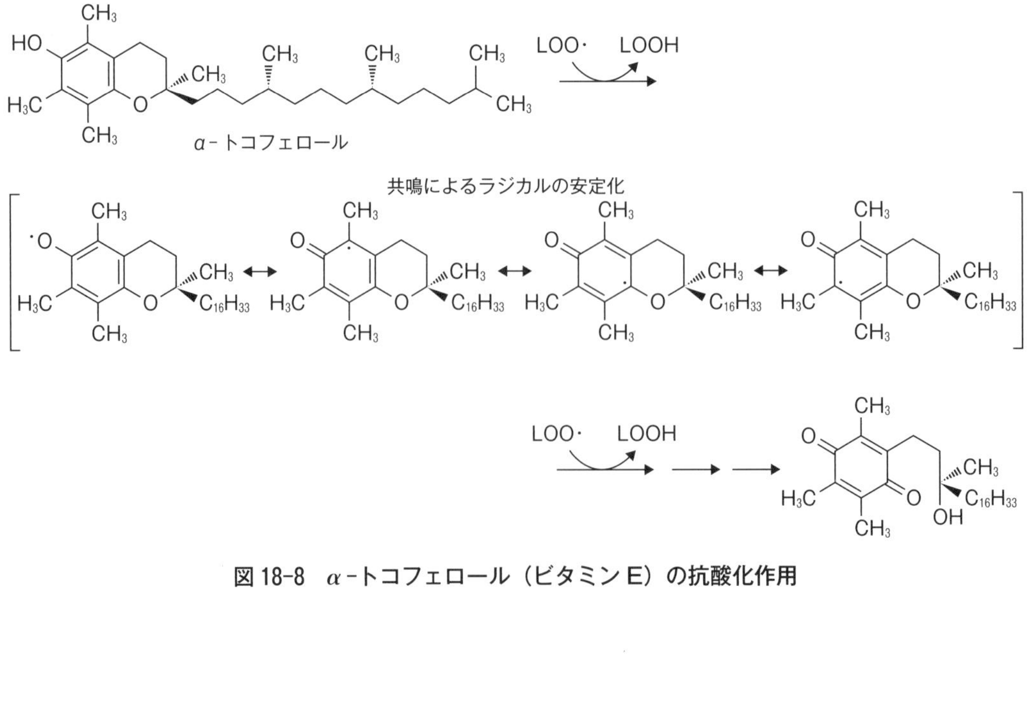

図 18-8　α-トコフェロール（ビタミン E）の抗酸化作用

(3) そのほかの抗酸化物質

α-トコフェロールの構造の一部であるフェノール性水酸基を活性部位とする抗酸化物質には，緑茶に含まれるカテキン，赤ワインに含まれるレスベラトロール，胡麻に含まれるセサモールなどがある．カテキンやレスベラトロールのように複数のフェノール性水酸基を有するものは，ポリフェノールといわれている．

過酸化水素消去酵素で示したグルタチオン（GSH）は，中心付近にあるチオール基（-SH）が活性部位である．

また，尿中に排泄される尿酸にも抗酸化作用がある．尿酸については，痛風の原因物質としてだけでなく，ヒト体内における生理的作用への理解も必要である．

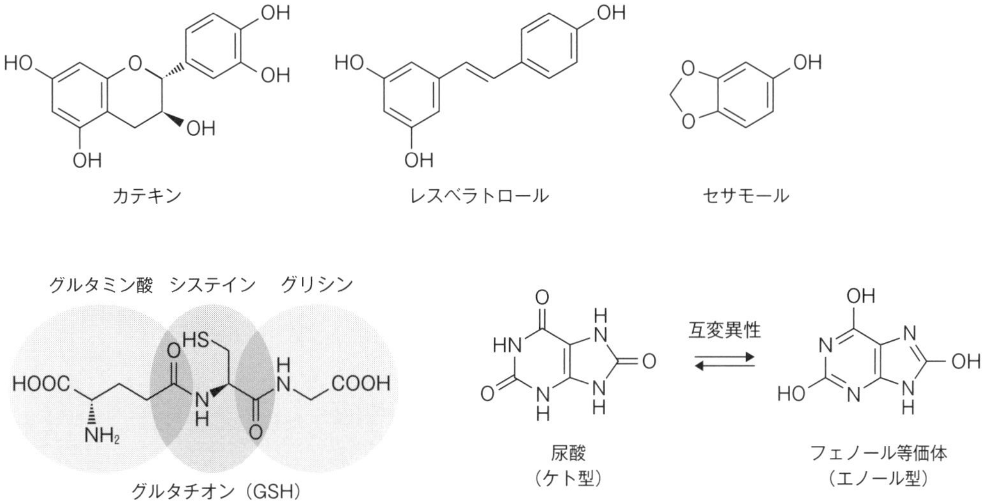

カテキン　　　　　　　レスベラトロール　　　　　　セサモール

グルタミン酸　システイン　グリシン

グルタチオン（GSH）

互変異性

尿酸
（ケト型）

フェノール等価体
（エノール型）

図 18-9　抗酸化作用をもつ物質

Column

「過ぎたるは猶及ばざるが如し」
抗酸化物質は酸化促進物質にもなりえる.

　近年, ビタミンC, ビタミンE, カテキンなどのポリフェノール類は抗酸化作用があることで, 酸化ストレスやアンチエイジングのサプリメントとして注目されている. この抗酸化力の強さを競い, この1粒にレモン何十個分のビタミンCが含まれているなどとの宣伝をよく見かける. ヒトはビタミンCやビタミンEを体内で合成することができないので, 食物などから摂取する必要がある. これらのビタミンが不足すれば種々の病気が発症することも古くから知られている. しかし, 過剰摂取は有害作用の発生の可能性がある. 不足すれば, もちろん生体機能の支障や, 種々の病態の発生が明らかだが, 必要量以上の摂取が有益であるという証明はされていない.

　健常人が1日所要量100 mgのビタミンCを400 mg, 長期間にわたって飲んだ場合, 白血球中のビタミンC含量とそのDNAの酸化傷害の程度を調べた報告がある. DNA傷害は通常量摂取の場合よりも増えており, 大量摂取をやめた後何週間も経っても傷害が減らないどころかむしろ増えていた. 過剰なビタミンCは酸化反応の触媒になる鉄を還元して活性酸素の発生を増強している可能性があるかもしれない.

　また, 健常人への投与実験ではないが, ビタミンEについてのメタ解析では, 必要所要量の何十倍もの投与レベルまでみても有益な効果はほとんどみられず, むしろ高用量では死亡率が上昇する傾向がみられた. ビタミンEはビタミンCと違って脂溶性で蓄積する性質がある. いずれにせよ, 適切な用法・用量は守るべきである.

 **問題の解答・解説**

第1章　原子の構造・電荷と質量・イオン

【問題1-1】

$1 \times 10 + 6 \times 8 + 7 \times 4 + 8 \times 2 = 102$ で102個の陽子を含む．陽子と電子が同数あれば，電荷は±0になるので，電子数も102個である．

第2章　周期表，アボガドロ数，物質量

【問題2-1】

カフェイン分子（$C_8H_{10}N_4O_2$）1個の中に，炭素（C）原子は8個，水素（H）原子は10個，窒素（N）原子は4個，酸素（O）原子は2個ある．カフェイン分子が6.02×10^{23}個（1 mol）あると，その中には炭素が8 mol，水素が10 mol，窒素が4 mol，酸素が2 mol含まれる．

$12.01 \times 8 + 1.008 \times 10 + 14.01 \times 4 + 16.00 \times 2 \fallingdotseq 194.2$

上記の数に質量の単位をつけて194.2 gとなる．

第3章　原子と原子の結合・分子

【問題3-1】

(1) 炭素1個と水素3個からなるので，$6 \times 1 + 1 \times 3 = 9$ より，陽子数は9個となる．全体の電荷が+1なので，−1の電荷をもつ電子の数は，陽子の数よりも1個少ない．電子数は8個である．

(2) 炭素原子の内殻（K殻）にある電子2個を除くと6個になる．これらは，3個の水素との結合（共有電子対3組）に使われている．

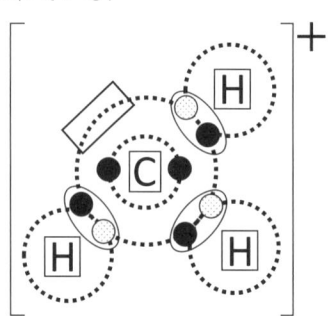

カルボカチオン CH_3^+ の電子配置

第4章　化学式と反応式

【問題4-1】

10個（水素や炭素が省略されていない構造式が3章の図3-1にある）

【問題4-2】

$H^+ + OH^- \rightleftarrows H_2O$

左辺と右辺が逆でもよい．H^+ と OH^- が入れ替わっていてもよい．イオンが含まれる反応式をイオン反応式という．

第6章　物質の数え方

【問題 6-1】

ミリは 1/1000（1/10^3，0.001，1×10^{-3}）倍を意味する補助単位である．前述の例題 6-1 より，カフェインは 194.2 g で 1.000 mol なので，40×10^{-3} g は 40×10^{-3}/194.2 より，2.1×10^{-4} mol となる（有効数字 2 桁の数を有効数字 4 桁の数で割り算を行っているため，有効数字 2 桁で答えている．掛け算と割り算だけの場合，有効数字の桁数が最も少ない桁数に合わせる．有効数字の取り扱いと数値の科学表記についても知っておく必要がある）

【問題 6-2】

(1) 摂取したカフェインの質量は 40.0 mg で，そのうち代謝・排出された量が 30.0 mg なので，体内に残る量は 40.0−30.0 より 10.0 mg になる．

(2) 10.0 mg のカフェインは 10.0×10^{-3}/194.2 mol に相当する．これが 4.60 L 中にあるので，モル濃度は 10.0×10^{-3}/(194.2×4.60) mol/L になる．計算結果を有効数字 3 桁で示すと 1.12×10^{-5} mol/L となる．

第7章　原子の混成軌道と分子の形

【問題 7-1】

sp^3 混成軌道をもつ炭素は 3 個，sp^2 混成軌道をもつ炭素は 5 個ある．

【問題 7-2】

両酸素原子とも，1 個の原子としか結合していない．
3 個の sp^2 混成軌道のうち，1 個は共有結合に使われ，残りの 2 個が非共有電子対を収めている．

第10章　＋電荷と−電荷が引き合って起こる反応

【問題 10-1】

(1) 3個と4個

(2) 3組と4組

(3) ＋1と±0

(4) sp^{2}混成軌道3個と sp^{3}混成軌道4個

(5) 図 10-1 に示されているメチルカルボカチオンについて，左の炭素には p 軌道が1個あり，そこに収容されている電子は0個である．右側の炭素に p 軌道はない．右側の炭素では，L 殻の代わりにある4個の軌道はすべて sp^{3}混成軌道になっている．

第11章　反応エネルギー図とエンタルピー

【問題 11-1】

　電子不足の C$^+$ に π 結合が隣接すると，p 軌道の重なりを通じて強く電子供与できるため，アリル型カルボカチオンは安定である．

　π 結合している炭素それぞれについて，H$^+$ が結合する場合を考える．アリル型カルボカチオンが生成するか確認していけばよい．結果として，2種類のアリル型カルボカチオンが見出せるはずである．

　これらは p 軌道が3個連続して並び，そこで2個の電子が非局在化している．この様子は共鳴式で表現できる．共鳴式2個それぞれに電子密度の低い場所が2か所ずつ，合計4か所見出せる．そこに塩化物イオン Cl$^-$ が近づき新しい結合をつくる．4か所のうち2か所は同じ生成物を与えるので，最終生成物は3種類（(2) 名称で示した）になる．

第 14 章　系と外界，熱と仕事，熱力学の枠組み

【問題 14-1】

圧力に体積増加分を掛けると，気体がゆっくり膨張する際の仕事になる．圧力 1.013×10^5 Pa は 1.013×10^5 N/m^2 である．これに体積増加分を掛ける．その際，体積増加分の単位を〔m^3〕（立方メートル）にすると，圧力との掛け算後の単位は，〔N/m^2〕×〔m^3〕=〔Nm〕=〔J〕となり，仕事の単位になっていることがわかる．1 m^3 は 1000 L（リットル）なので，体積増加分は $(5.00\text{-}2.00) \times 10^{-3}$ m^3 である．答えは 304 J になる．

【問題 14-2】

変化後から変化前の引き算 $2 \times 33.2 - 1 \times 9.2$ より，四酸化二窒素 N_2O_4 1 mol あたりでの ΔH° は $+57.2$ kJ/mol となる．正の値なので吸熱反応である．

【問題 14-3】

熱の出入り q は $+40700$ J で，そのときの絶対温度は 373 K である．この値を式 14-4 に代入すると $\Delta S = q/T = 40700$ J/373 K $\fallingdotseq 109$ J/K.

第15章　平衡定数とギブズの自由エネルギー変化

【問題 15-1】

HI, H_2, I_2 のモル濃度はそれぞれ 0.78 mol/L, 0.11 mol/L, 0.11 mol/L とある．式 15-2 より $K = (0.78 \times 0.78) / (0.11 \times 0.11) \fallingdotseq 50$ となる．平衡定数 K は 50 である．

【問題 15-2】

$K = e^{-\Delta G^{\circ}/RT}$ の式を使って求める．例題 15-1 と同様に，標準状態でのギブズの自由エネルギー変化 ΔG° を，ここでも標準ギブズ関数と表現している．

$$e^{-\{-2.42\,\text{kJ/mol}/(8.314\,\text{J}/(\text{K}\cdot\text{mol})\times 400\,\text{K})\}} \fallingdotseq 2.07$$

【問題 15-3】

式 15-10 より，H_3O^+ の濃度は 1.00×10^{-2} mol/L になる．この値を式 15-11 に代入すると，pH は 2 となる．

第 17 章　生体に関わる分子の立体構造

【問題 17-1】

最も左側の分子が 2*R*,3*R* で，それと鏡写しの関係にある左から 2 番目の分子が 2*S*,3*S* である．これらはお互いに鏡像異性体である．

左から数えて 3 番目の分子（2*S*,3*R*）は上のキラル中心が *S* 配置で，下のキラル中心が *R* 配置である．左から数えて 4 番目，最も右側の分子（2*R*,3*S*）は上のキラル中心が *R* 配置で，下のキラル中心が *S* 配置である．この分子は以下のように対称平面をもち，その鏡写しの関係にある分子とは同一分子になる．つまり，右側の 2 個の分子 2*S*,3*R* と 2*R*,3*S* は同一種類の分子である（どちらかの分子を上下が逆になるように 180° まわして移動させると重ね合わせることができる）．

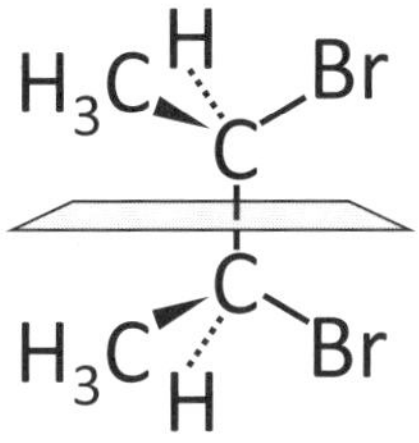

キラル中心を 2 個（2*R*,3*S*）もつ分子の対称平面
図 17-10 にある構造式の C2-C3 結合軸を回転して表示している．

これら以外のすべての組み合わせ，2*R*,3*R* と 2*S*,3*R*（2*R*,3*S* と同じ）の関係，2*S*,3*S* と 2*S*,3*R*（2*R*,3*S*）の関係は互いにジアステレオマーである．

あとがき

　ここまでの学びで多くの疑問が生じたかもしれません．これまでにあった質問の例を以下に示します．

「人はなぜ老いるのか？」

　体を構成する細胞という単位（膜で仕切られた小さな空間）があります．その細胞が分裂して増えることで，新鮮な状態を維持しています．その細胞分裂の回数が少なくなると，古い細胞が頑張って体を維持することになります．そして，時間の経過とともに，古い細胞が増えてしまうようです．どうやら人間の正常な細胞は分裂できる回数に限界があるようです．生物学の勉強も大切ですね．

「それでは，時間って何？」

　哲学的な問いですね．「エントロピー」が増大する方向を「時間の矢」と表現した先人がいました．

　ここでは老化と重ねて考えましょう．繰り返された細胞分裂の回数と対応している，ある意味，時計のような役割を果たす部分が細胞内に存在するらしく，議論されています．「テロメア」について調べてみましょう．

「人はなぜ死ぬのか？」

　医療現場でこう聞かれたら，どう対応して良いのか？永遠の課題かもしれません．ここでは物理の内容と重ねて考えてみます．

　海辺の砂浜で砂の城をつくったことがありますか？それはやがて波や風によって壊れ，砂粒はバラバラになってしまいます．人の体もそうなる傾向があるようです．そういうバラバラになりやすい性質は宇宙全体に及んでいて，熱力学第二法則とかエントロピー増大則とかいわれます．

　宇宙全体に及ぶような普遍的な法則については，物理学の教科書に詳しく書いてあります．上

記の内容は物理の中の熱力学という分野のお話です．

「健康に生きているとはどういうことか？」

　健康と不健康の境界は単純ではないようです．少なくとも，周囲の多くの人ができることが，自分にはできないか，しづらくなると，とても辛いです．皆さんのこれからの学びが，結果として，未来の多くの人々の生活の向上につながるように願っています．

「食べたいけど，太りたくない．矛盾しているか？」

　どれぐらいの量が健康に良いのだろうか？健康なら適切な量で満足が得られるのか？不健康になるまで食べたり・食べなかったりするのは心の問題なのか？色々な視点からの議論がありそうですね．今，ここでは疑問でしか返せません．皆さんの今後の学びが頼りです．将来の多くの人達の疑問に寄り添えるよう，基礎的な理解を積み重ねて欲しいと感じます．

「健康的で若々しくいたいけど，アルコールやタバコってどうなの？」

　今でも研究は続いているようですね．タバコの害悪は浸透してきましたね．今後もますます，科学的な根拠に基づいて，より健康が維持されやすい社会になっていくのでしょう．

　わからないことが増えたと感じられるかもしれません．ですが，今回の学びによって，新たな疑問を感じ取れるようになったとも考えられます．また，わからないことに対して，自ら考えて周囲と議論しようという気持ちが以前よりも強まったかもしれません．将来，皆さんは健康や医療と関わる方が多いと思います．その道のプロとなるために，本書がステップになって皆さんの次の学びにつながればと期待します．

索　引

——著者プロフィール——

山本　雅人（やまもと　まさと）

　昭和大学富士吉田教育部准教授

　1991 年　早稲田大学理工学部化学科卒業
　1996 年　同博士後期課程修了，助手
　～1999 年　名古屋大学大学院理学研究科にてポ
　　　　　スドク
　1999 年～昭和大学富士吉田校舎に勤務，現在
　　　　　に至る
　趣味は，見晴らしのよいところや自然の中を
　歩くことです．遠くの空や山，海や川を眺め
　て，風を感じながら体を動かすと，季節の変化
　や 1 日の移り変わりを楽しめる気がします．

稲垣　昌博（いながき　まさひろ）

　昭和大学富士吉田教育部教授　化学担当
　昭和大学図書館副館長　日本薬理学会評議員

　1981 年　昭和大学薬学部生物薬学科卒業
　1984 年　昭和大学大学院薬学研究科生理系薬
　　　　　理学修了
　1984 年～1985 年
　　　　　米国系製薬企業研究開発部門勤務
　1985 年　昭和大学医学部第一薬理学教室　助
　　　　　手
　1987 年～1988 年
　　　　　米国カンサス州立大学医学部麻酔
　　　　　科・臨床薬理学教室留学
　1991 年　昭和大学医学部第一薬理学教室　講
　　　　　師
　1992 年　昭和大学教養部化学教室　講師
　2000 年　昭和大学教養部化学教室　助教授
　2012 年　昭和大学富士吉田教育部化学担当
　　　　　教授（員外）
　2014 年～現職
　「血液透析患者の酸化ストレスの軽減」をテー
　マに 25 年以上も研究を続けています．酸化ス
　トレスの軽減がアンチエイジングにつながる
　ので，最終章まで読破してくださいね．学生
　時代から有機化学や物理化学は得意科目では
　なく，実は講義を始めてから理解できたこと
　も多かったです．そんな想いから，化学が苦
　手な学生にもわかりやすい有機化学をモッ
　トーに講義に取り組んでいます．

入門医療化学

定価（本体 4,200 円＋税）

| 2019 年 3 月 16 日 | 初版発行 © |
| 2022 年 2 月 23 日 | 2 刷発行 |

著　　者　山 本 雅 人
　　　　　稲 垣 昌 博

発 行 者　廣 川 重 男

印 刷・製 本　㈱アイワード
表紙デザイン　㈲羽鳥事務所

発 行 所　京 都 廣 川 書 店

東京事務所　東京都千代田区神田小川町 2-6-12 東観小川町ビル
　　　　　　TEL 03-5283-2045　FAX 03-5283-2046
京都事務所　京都市山科区御陵中内町　京都薬科大学内
　　　　　　TEL 075-595-0045　FAX 075-595-0046

URL https://www.kyoto-hirokawa.co.jp/

化学分野で使用される主な SI 組立単位

物 理 量	単位名称	単位記号	定 義	次 元
セ氏温度	度	℃	K-273.15	K
周波数	ヘルツ	Hz	1/s	s^{-1}
力	ニュートン	N	J/m	$kg\,m\,s^{-2}$
圧力	パスカル	Pa	N/m^2	$kg\,m^{-1}\,s^{-2}$
エネルギー，仕事，熱量	ジュール	J	N・m	$kg\,m^2\,s^{-2}$
電位，電圧，起電力	ボルト	V	J/C	$kg\,m^2\,s^{-3}\,A^{-1}$
電力	ワット	W	J/s	$kg\,m^2\,s^{-3}$
電荷，電気量	クーロン	C	A・s	A s
電気抵抗	オーム	Ω	V/A	$kg\,m^2\,s^{-3}\,A^{-2}$

基礎物理定数値

定数の名称	記 号	値	単 位	相対標準不確かさ
光速度（真空中）	c	299792458	$m\,s^{-1}$	（定義値）
誘電率（真空中）	ε_0	$8.854187817 \times 10^{-12}$	$C\,V^{-1}\,m^{-1}$	（定義値）
透磁率（真空中）	μ_0	$12.566370614 \times 10^{-7}$	$N\,A^{-2}$	（定義値）
標準重力加速度	g	9.80665	$m\,s^{-2}$	（定義値）
プランク定数	h	$6.62606957(29) \times 10^{-34}$	J s	4.4×10^{-8}
アボガドロ定数	N_A	$6.02214129(27) \times 10^{23}$	mol^{-1}	4.4×10^{-8}
ファラデー定数	F	96485.3365(21)	$C\,mol^{-1}$	2.2×10^{-8}
ボルツマン定数	k	$1.3806488(13) \times 10^{-23}$	$J\,K^{-1}$	9.1×10^{-7}
リュードベリ定数	R_∞	10973731.568539(55)	m^{-1}	5.0×10^{-12}
気体定数	R	8.3144621(75)	$J\,mol^{-1}\,K^{-1}$	9.1×10^{-7}
モル気体体積	V_m	$22.413968(20) \times 10^{-3}$	$m^3\,mol^{-1}$	（0℃，1 atm）
モル気体体積	V_m	$22.710953(21) \times 10^{-3}$	$m^3\,mol^{-1}$	（0℃，1 bar）
電気素量	e	$1.602176565(35) \times 10^{-19}$	C	2.2×10^{-8}
電子の静止質量	m_e	$9.10938291(40) \times 10^{-31}$	kg	4.4×10^{-8}
陽子の静止質量	m_p	$1.672621777(74) \times 10^{-27}$	kg	4.4×10^{-8}
中性子の静止質量	m_n	$1.674927351(74) \times 10^{-27}$	kg	4.4×10^{-8}
統一原子質量単位	u	$1.660538921(73) \times 10^{-27}$	kg	4.4×10^{-8}
ボーア半径	a_0	$0.52917721092(17) \times 10^{-10}$	m	3.2×10^{-10}
電子ボルト	eV	$1.602176565(35) \times 10^{-19}$	J	2.2×10^{-8}